笠原将弘的上品便当

〔日〕笠原将弘 著
葛婷婷 译

河南科学技术出版社
·郑州·

序言

一说到便当，不知为何大家总会热烈讨论起来。

炸鸡块便当是最佳选择，海苔便当最棒！

便当中最常见的配菜是盐烧鲑鱼，当然维也纳香肠也是不能缺少的……

有开心的话题，也会有少许抱怨。

但共同点就是，说到便当时大家一定都是带着笑颜的。

我也不例外，想起父亲给我做的便当，就不由会微笑起来。

父亲做的便当总是以茶色的菜品为主。

完全不会考虑色彩搭配！

但是，最下饭的果然还是这些经久不衰的配菜。

能带来安心感的“还是那个味道”的配菜，总能让人心生怀念，这便是日式便当的魅力吧。

在孩子们参加运动会等活动时，我会专门为他们准备便当。

我总是一边想着女儿和儿子开心的笑脸，一边做便当。

连冷了之后才吃的事情也要考虑进去。

希望他们能吃到更多品种的配菜，所以饭团要做小些……

当然也不会忘记，给女儿的便当要做得可爱一些。

便当盒那小小的空间里，放不下很多很多的菜。

但能装下很多很多的爱。

所以，便当真的是一种浪漫的料理。

这本书中，塞满了我回忆中的便当，从“沉甸甸”的分量很足的日式大便当、味道均衡的三菜式便当，到四季的游玩便当，还有修习期间不断重复做的松花堂便当。

这些都是我个人打心底里一直热爱着的日式便当。希望大家根据需要来尝试一下吧！

无论如何，再没有比便当更让人期待、令人兴奋的食物了吧。

笠原将弘

椭圆木便当盒
不锈钢便当盒
铝便当盒
漆艺便当盒

目录

第 2 章

三菜式便当

第 3 章
四季的游玩便当

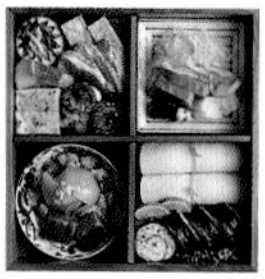

关于本书的标志

●“烹饪时间”，指高效率进行烹饪所需要的时间。洗菜、切菜、配菜、调味、泡发干物、煮饭等的时间并不包含在内。只是提供大概的参考，料理新手还请多预留些时间进行准备。
●“制作顺序”，指为了更有效地制作而制定的烹饪顺序。

前一天 ●“前一天”，指需前一天做好冷藏保存的东西。一般会标注如“到混合之前”等的提示，根据提示在制作中途放入前一天做好的东西。
冷冻保存 ●“冷冻保存”，指菜品需冷冻保存。食用有效期大约为3周。

如何使用本书

●1小勺=5 mL，1大勺=15 mL，1杯=200 mL。
●大米用电饭锅附带的量杯来计量，1量杯（1日合）=180 mL。
●火力若无特别指示，一般默认是用中火。
●书中的“出汁”，指最基础的日式高汤，即日语中的“だし”。可依喜好用海带和鲣鱼干片等煮制。
●书中的“海带”，即日语中的“昆布”，若无特别指示均用干海带。标注“出汁用”处，指应选用专门用来煮出汁的海带，如日高海带（日高昆布）、真海带（真昆布）等。
●食谱中，蔬菜的“清洗”“削皮”等工序有时会省略不写。若无特别指示，请做完这些工序之后再按照食谱进行烹饪。
●微波炉等电子产品，请根据各个厂商的使用说明正确使用。
●与热油和热水相关的操作请特别小心。

笠原流

便当制作的基本规则

我在制作便当时，有些方面会多花心思，有些方面会特别留意。在这里就将这些便当制作的基本规则，一并传授给大家。

1 总是会把味道调得比平时更重

便当在吃的时候多半都是凉的，所以在调味时，要比平时稍稍重一些才好，这样即使凉了也会很好吃。口味调重一些，还可以防止食物变坏。更进一步说，稍重的口味能激发更旺盛的食欲。

2 要彻底防止汤汁溢出

虽然我觉得“味道互相混合也可算便当美味的一种”，但是防止汤汁溢出，还是非常有必要的。汤汁溢出弄脏包袋，简直没有比这更悲惨的事情了。为避免这种状况，需做到以下三点：第一，调味料的汁水要充分煮干；第二，汁水沥干后再装入盒内；第三，放入可吸收汁水的食物（如鲣鱼干薄片）。一定要贯彻这三点。

3 使用脂肪少的部位

不管是猪肉还是牛肉，都是脂肪少的部位比较适合用来做便当，因为脂肪冷却后会因变硬而不好吃。所以，富含美味油脂的猪五花肉，在做便当时最好不要选用。猪肉推荐选择腿肉和里脊肉，牛肉则比较推荐使用白色脂肪较少的以红色瘦肉为主的部分。

4 做成方便食用的大小

大块的鲑鱼放在米饭上，这种豪爽式的便当是我个人的最爱。但是考虑到他人享用时的便利性，基本上我还是会把食材都切成方便食用的大小。便当本就代表着对他人的爱，因此最好把食材处理成约一口大小，即最长处为 3~4 cm 的样子，让享用的人能轻松入口，这才是最重要的。

不能忘记的终极铁律：
一定要等到所有料理都变凉后才装盒！

第1章

我喜欢的日式大便当

手里拿着便当时，『沉甸甸』的感觉比什么都要令人开心。
所以我喜欢在便当盒中装入足足的米饭，再豪爽地铺上满满的菜，
这就是所谓的日式大便当。
菜汁渗入下面的米饭中……这真的是只有便当才有的趣味！
大便当的优点不只是分量足，简单方便是另一个优点。
只有一道配菜也可以，简简单单就很棒。
摆放的样式也不需要太在意，
所以在时间紧张的早上，这是最合适不过的选择了。

笠原流特制便当

当被要求『做自己最喜欢的便当』时，
其实我挺头疼的。
『炸鸡块』肯定不能少，
『银鳕鱼西京烧』也不能忘记呀，
『玉子烧』也不想放弃……
喜欢的菜式太多了，实在是件头疼的事情。
既然这样，不如全都放进便当里，
于是就诞生了这个便当。
我给它起名为『笠原流特制便当』。
当然，这样『豪华』的便当实在相当少见。
它的诞生只是因为，如果要选择到底放哪种配菜，
我一定会头疼一整天。

做法见p.10~11

用面粉锁住肉汁，涂太白粉使之松脆。使用两种不同的粉，就是炸鸡块美味的秘诀

炸鸡块

前一天　冷冻保存

材料（容易做的分量）

鸡腿肉…1片（250 g）

A | 酱油、味淋…各$1\frac{1}{2}$大勺
　| 碎黑胡椒粒…少许

鸡蛋…1个

面粉…1大勺

太白粉…适量

炸物专用油…适量

做法

1 鸡腿肉去除多余的脂肪和筋膜，切成方便食用的大小，放入碗中。加入**A**的所有材料，抓拌揉按鸡腿肉，静置使入味。

2 腌好的鸡腿肉按照打散的鸡蛋、面粉的顺序裹好面衣，再在表面一点点地涂满太白粉。

3 炸物专用油加热至160 ℃，放入**2**的鸡腿肉，炸3分钟左右，捞出。

4 炸物专用油继续加热至180 ℃，放入**3**的鸡腿肉，炸1分钟左右。为了让炸鸡块更松脆，炸时可用筷子不时搅动，让鸡腿肉接触到更多空气。

天妇罗面衣充分吸收了甘辛煮酱汁，将鲜虾天妇罗放在米饭上面，就能享受到天妇罗盖饭般的美味

鲜虾天妇罗甘辛煮

前一天　到油炸之前

材料（容易做的分量）

鲜虾…4只

洋葱…1/4个

B | 鸡蛋…1/2个
　| 面粉…50 g
　| 水…75 mL

面粉…少许

炸物专用油…适量

C | 出汁…1杯
　| 酱油、味淋…各50 mL
　| 砂糖…1小勺

做法

1 鲜虾去除肠线，保留尾巴和虾壳最后一节，其余虾壳去掉，再切去尾巴的前缘和尾巴中央的尖刺，然后捋一下尾巴挤出余水。为了让炸出的虾不弯曲，可在虾腹部用刀划约5个小口，然后向下按压虾背弄断虾筋。

2 **B**的所有材料混合拌匀，做成天妇罗面衣。

3 **1**的鲜虾薄薄裹上一层面粉，然后蘸上**2**的天妇罗面衣，放入170 ℃的炸物专用油中炸。

4 洋葱先对半纵切，再顺着纤维走向切成薄片（即日式纵薄切），与**C**的所有材料（即甘辛煮酱汁）一起放入锅内煮。洋葱变软后加入**3**的炸好的鲜虾，稍微煮下就可以了。

这是父亲常做的一道菜，就算腌制略久，也会别有风味

银鳕鱼西京烧

前一天　冷冻保存

材料（容易做的分量，2人份）

银鳕鱼…2片

盐…少许

D | 味噌…40 g
　| 砂糖…10 g
　| 清酒…10 mL

做法

1 银鳕鱼表面撒少许盐，放置约20分钟，擦干水。

2 **D**的所有材料混合拌匀，均匀涂满**1**的银鳕鱼的表面，放入冰箱冷藏室腌制1～2天。

3 去除银鳕鱼片表面的味噌，放在加热好的烤网上烤熟，注意不要烤焦。

※用味噌等腌料腌制的食材要保存4天以上时，去除食材表面的味噌等腌料，用厨房用纸擦干水，再用保鲜膜包好，放入保存袋中冷冻保存，可保存约1个月。

蒲烧鳗鱼放入蛋液中做成玉子烧，
轻咬一口就享受到层次丰富的美妙滋味

鳗鱼鸭儿芹玉子烧

材料（容易做的分量）

鸡蛋…3个
蒲烧鳗鱼…1/2片
鸭儿芹…5根
E | 出汁…3大勺
砂糖…1大勺
酱油…1/2小勺
色拉油…适量

做法

1 蒲烧鳗鱼切碎。鸭儿芹切成1cm长。

2 大碗内打入鸡蛋，再加入**1**的蒲烧鳗鱼、鸭儿芹，以及**E**的所有材料，搅拌均匀。

3 玉子烧专用锅中倒入色拉油加热，将**2**的蛋液分3次倒入锅中，每次待蛋液表面还未完全凝固时，就把它从锅一端向前一点点折叠卷起，然后再倒入蛋液，以同样方法再次卷起，做成玉子烧。从锅中取出切块。

偶尔会非常想吃的鱼肉香肠，利用黑胡椒把味道充分展现出来

黑胡椒鱼肉香肠

材料（容易做的分量）

鱼肉香肠…1根
色拉油…1大勺
清酒…1大勺
酱油…1小勺
碎黑胡椒粒…少许

做法

1 鱼肉香肠斜切成薄片。

2 平底锅中倒入色拉油加热，放入**1**的鱼肉香肠翻炒，倒入清酒、酱油、碎黑胡椒粒调味。

爽脆的口感，就是这个便当小菜的存在感

竹笋甘辛煮

前一天

材料（容易做的分量）

水煮竹笋…1根
F | 出汁…1杯
酱油、清酒、砂糖…各1大勺
炒白芝麻…适量

做法

1 水煮竹笋切成色子大小的方块，稍微焯水后浸泡在冷水中。

2 捞起水煮竹笋，沥干水后放入锅中，加入**F**的所有材料，煮至汁水收干。撒上炒白芝麻。

※装入容器中，放入冰箱冷藏可保存3天。

●米饭
●梅干、什锦七宝菜（由七种蔬菜一起腌制而成的酱菜）

特制海苔便当

不用开火，马上就能做好

对我来说，最不愿错过的便当，就是这款。
难道只有海苔吗？
其实海苔的下面，还隐藏着我喜欢的配菜。
配菜分为两层，这样的惊喜足够特别！

烹饪时间 10 分钟　制作顺序 米饭、配菜及海苔依次放入

海苔的下面，隐藏着喜欢的配菜

特制海苔便当

材料（1人份）

米饭…适量

烤海苔…1片

白子干*…10 g

鲣鱼干薄片…5 g

辛明太子**…20 g

梅干…1个

泽庵腌萝卜***…2片

酱油…适量

*白子干，多是将鳀鱼、沙丁鱼等的幼鱼加盐汆烫，再于日光下晒干而得到，水分含量多为65%~72%。

** 辛明太子，指腌制时加入了辣椒粉的明太子。

*** 泽庵腌萝卜（沢庵漬け），指用米糠和盐等腌制白萝卜而得到的黄色的萝卜干。

做法

1 烤海苔切成适当的大小。鲣鱼干薄片和少许酱油一起拌匀。辛明太子划开表皮，取出里面的鱼子。

2 便当盒里先放入1/2分量的米饭，在盒底铺平。以每种配菜占据1/3位置的方式，依次放上1/2分量的**1**的鲣鱼干薄片、白子干和**1**的辛明太子，再盖上涂了酱油的烤海苔。

3 剩下的米饭平铺在**2**的配菜上面，再以**2**中放入配菜的方式依次放上剩下的辛明太子、白子干和鲣鱼干薄片，最后铺上涂了酱油的海苔。

4 在最上面放上梅干和泽庵腌萝卜。

米饭在盒底铺平后，放上拌匀酱油的鲣鱼干薄片、白子干和辛明太子。

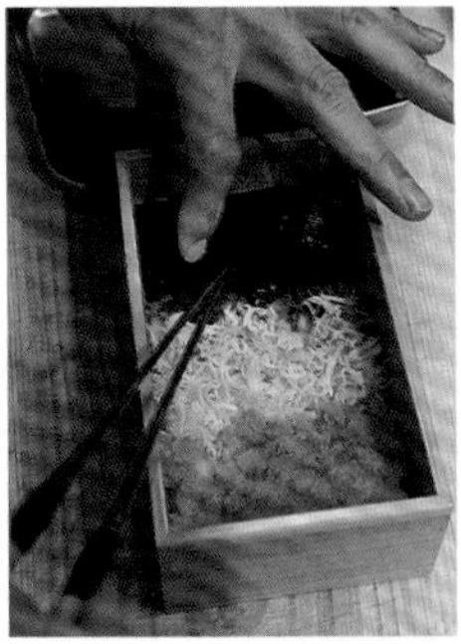

第二层的食材在铺放时可变化为与第一层不同的顺序，享用时会有更多的惊喜。

笠原小贴士

做海苔便当时，如果直接将大片的海苔放在米饭上，吃时容易粘在舌头上且很难处理，因此需要把海苔处理成适当大小，这样就能轻松愉快地享用美味了。

生姜烧猪肉便当

想敞开肚皮吃的日子里

炸猪排用的猪上肩肉搭配生姜，做成生姜烧猪肉。整块猪上肩肉一起煎好，不仅节省时间，而且看着也更有满足感。搭配的素菜在做生姜烧猪肉时就决定好了，就是日式风味的黑芝麻土豆沙拉。而清口小菜，就选塞入了泽庵腌萝卜的竹轮（即筒状鱼板）吧！

烹饪时间 20分钟

制作顺序 煮土豆 ➡ 制作萝卜竹轮 ➡ 制作生姜烧猪肉 ➡ 拌黑芝麻土豆沙拉

秘诀就是煎过后再与酱汁混合

生姜烧猪肉

前一天　冷冻保存

材料（1人份）

猪上肩肉（炸猪排用）…1块

色拉油…适量

A | 清酒、味淋、酱油…各1大勺
  | 砂糖…1/2小勺
  | 生姜泥…1/2小勺

做法

1 猪上肩肉切断筋，以免加热时筋受热紧缩。A的所有材料混合拌匀。

2 平底锅中倒入色拉油加热，放入猪上肩肉，煎至两面均呈焦黄色时，加入已拌匀的A，煮至酱汁浓稠。

3 切成方便食用的大小。

黑芝麻和葱花，演绎日式风味

黑芝麻土豆沙拉

前一天

材料（1人份）

土豆…1个

万能葱*…2根

盐…少许

B | 蛋黄酱…2大勺
  | 炒黑芝麻（略磨碎）…1大勺
  | 碎黑胡椒粒…少许

* 万能葱（万能ねぎ），指日本产的一种株形细直、绿色叶子较长、白色部分很短的葱。可用常见的小葱、分葱等代替。

做法

1 土豆切成一口大小，放入加了少许盐的冷水中煮至水沸。万能葱切成葱花。

2 土豆继续煮至变软，捞起沥干水，与万能葱和B的所有材料一起拌匀。

有反差的口感也不错

萝卜竹轮

前一天

材料（20个的分量）

竹轮…1根

泽庵腌萝卜（见p.13）…30g

做法

1 泽庵腌萝卜切成适当的大小，塞入竹轮中间空心处，再将竹轮切成方便食用的大小。

●米饭

●柴渍**茄子

**柴渍（柴漬，しば漬け），多指用赤紫苏和盐腌渍茄子或黄瓜等的制作方式。

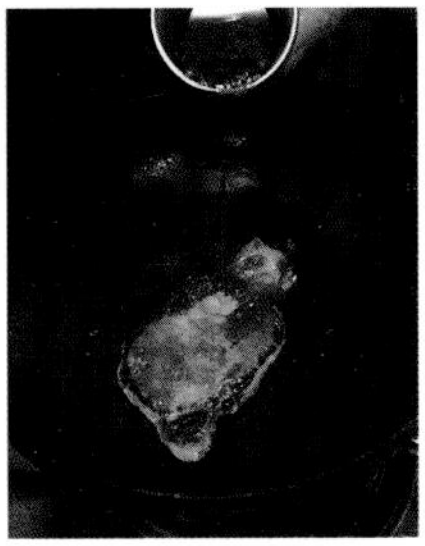

肉块比较厚时，会需要煎较长时间，若事先用酱汁腌制，则很容易烧焦。所以不用事先调味，煎到呈焦黄色后，再加入酱汁混合拌匀。

笠原小贴士

生姜烧猪肉的酱汁配米饭也很合适，所以在米饭上浇点酱汁会更美味。作为搭配的萝卜竹轮虽然味道不算惊艳，但是有了它的装饰，吃便当时感觉更开心了。

照烧鸡腿肉便当

用最喜欢的鸡肉做便当1

以鸡肉料理屋里用漆艺木盒装的烤鸡肉串饭为参考。
当然，米饭上绝对不能缺少烤海苔。
然后再放上照烧酱汁的鸡腿肉……
只是想想就令人垂涎欲滴呢！
最后放上狮子唐和煎蛋卷，色彩更完美。

做法见 p.18

用最喜欢的鸡肉做便当2

大葱酱汁盐烧鸡腿肉便当

以大葱酱汁和盐烧的方式，
让鸡腿肉更符合成年人的口味。
主配菜口感清爽，
副配菜用拌蛋黄酱的方式来保持口感上的平衡。
起色彩装饰作用的菜豆拌以核桃，
这是为了脆弹的口感而费心设计的。

做法见p.19

照烧鸡腿肉便当（p.16）的做法

烹饪时间 25分钟

制作顺序 制作煎蛋卷 ➡ 煎鸡腿肉和狮子唐 ➡ 其间从锅中取出煎好的狮子唐 ➡ 做好照烧鸡腿肉

白米饭和铁板烧料理的组合

照烧鸡腿肉

前一天 冷冻保存

材料（1人份）

鸡腿肉…150 g

A 酱油、清酒…各1大勺

味淋…2大勺

色拉油…少许

山椒*粉…少许

* 山椒（さんしょう），指日本产的学名为*Zanthoxylum piperitum*的一种花椒属植物，也称为日本花椒。

做法

1 鸡腿肉去除多余的脂肪和筋膜。A的所有材料混合拌匀。

2 平底锅中倒入色拉油加热，1的鸡腿肉外皮面朝下放入锅中，煎至呈焦黄色后翻面，侧面的部分也要煎一下。

3 鸡腿肉煎至熟透后，先用厨房用纸吸除余油，再加入已拌匀的A，煮至酱汁浓稠。取出切成方便食用的大小，撒上山椒粉。

甜甜的味道让人愉悦

香甜煎蛋卷

材料（1人份）

鸡蛋…1个

B 出汁…20 mL

酱油…1/2小勺

砂糖…2小勺

色拉油…适量

做法

1 大碗中打入鸡蛋，加入B的所有材料，混合拌匀。

2 小平底锅中倒入色拉油加热，一口气倒入1的蛋液，煎至半熟状态后翻卷成扁纺锤形，煎至内部熟透。

笠原小贴士

照烧酱汁非常适合下饭（就算只有酱汁，也能吃下一碗白米饭！），所以一定要一滴不剩地全都浇到米饭上。狮子唐可以在煎鸡肉期间也放入锅中，掌握好各自的成品时间，就可以一起做好两道配菜了。

微微的辣味成为便当的味觉重点

盐煎狮子唐

前一天

材料（1人份）

狮子唐**…3个

色拉油…少许

盐…少许

**狮子唐（ししとう），指日本一种不太辣的小个头绿色辣椒。可用其他不太辣的绿色辣椒代替。

做法

1 狮子唐用刀纵向划一个长口子。

2 平底锅中倒入色拉油加热，放入1的狮子唐，煎至变软后撒上少许盐。

● 米饭（放上剪好的烤海苔）
● 柴渍（见 p.15）茄子
● 海带佃煮 ***

*** 海带佃煮，指将海带切丝或小片后用砂糖、酱油、清酒等熬煮而得到的小食。

大葱酱汁盐烧鸡腿肉便当（p.17）的做法

烹饪时间 25分钟

制作顺序 煮鸡蛋 ➡ 煮菜豆 ➡ 煎鸡腿肉，加入大葱酱汁 ➡ 拌好水煮蛋和梅干蛋黄酱 ➡ 拌好核桃和菜豆

大葱和芝麻油的味道让人上瘾

大葱酱汁盐烧鸡腿肉

前一天 到加入大葱酱汁之前　冷冻保存 到加入大葱酱汁之前

材料（1人份）

鸡腿肉…150 g

A
- 大葱碎末…2大勺
- 生姜泥…1/2小勺
- 芝麻油…1大勺
- 盐…1/3小勺
- 碎黑胡椒粒…1/3小勺

色拉油…适量

做法

1 鸡腿肉去除多余的脂肪和筋膜。A的所有材料混合拌匀。

2 平底锅中倒入色拉油加热，1的鸡腿肉外皮面朝下放入锅中，煎至呈焦黄色后翻面，侧面的部分也要煎一下。

3 鸡腿肉煎至熟透后，先用厨房用纸吸除余油，再加入已拌匀的A，煮至酱汁浓稠。取出切成方便食用的大小。

味道浓厚而口感清爽，创新的美味

水煮蛋拌梅干蛋黄酱

前一天 拌匀之前

材料（1人份）

鸡蛋…1个

B
- 蛋黄酱…1大勺
- 梅干肉*…1小勺
- 青紫苏细丝…1片叶子的分量

* 梅干肉，指将梅干去核后剁碎。

做法

1 鸡蛋放入冷水中，煮至沸腾后再煮10分钟。

2 鸡蛋剥掉蛋壳，切成8等份。

3 B的所有材料混合拌匀，再与2的鸡蛋一起拌匀。

笠原小贴士

试着在蛋黄酱中加入梅干肉，将常见的芝麻拌菜中的芝麻换成核桃。对传统的固定风味稍做调整，用新的创意打破便当的千篇一律，也是超赞的呢！

这种拌菜形式适用于各种各样的蔬菜

核桃拌菜豆

前一天 拌匀之前

材料（1人份）

菜豆…5根

核桃（碾碎）…1大勺

盐…少许

C
- 酱油…1小勺
- 砂糖…1小勺

做法

1 菜豆在放了少许盐的沸水中焯一下，用笊篱捞起。

2 核桃和C的所有材料混合拌匀。

3 1的菜豆每根切成3段，与2的食材混合拌匀。

●米饭

●腌黄瓜

芝麻醋涮猪肉便当

想吃清爽口味的肉料理时

所有的食材都只需用沸水烫煮即可做好，而且需要花时间洗净的食材也很少，在时间很赶的日子里也可从容做好。
诀窍有两点，
一是不用换热水，按照顺序烫煮食材即可；
二是要充分沥干水。
食材各自味道的变化，最让人留恋不已。

烹饪时间 20分钟

制作顺序 切卷心菜，撕魔芋 ➡ 水煮沸后放入少许盐，按照卷心菜、魔芋、猪肉的顺序依次烫煮，沥干水 ➡ 拌好各种酱料

※用同一锅热水来汆烫食材时，只在最开始时加入盐就可以了。

用芝麻碎提升风味

芝麻醋涮猪肉

前一天

材料（1人份）

猪腿肉薄片…100 g

盐…少许

A | 炒白芝麻（略磨碎）…1大勺
  | 酱油、醋、味淋…各1大勺

做法

1 锅中的水煮沸后放入少许盐，再放入猪腿肉薄片汆烫，烫至变色后用笊篱捞起，沥干水。

2 A的所有材料混合拌匀，再与1的猪腿肉薄片一起拌匀。

用辣椒酱增添辛辣味

鲣鱼碎拌卷心菜

前一天 拌匀之前

材料（1人份）

卷心菜…50 g

盐…少许

B | 鲣鱼干碎片…5 g
  | 酱油、芝麻油…各1小勺
  | 辣椒酱…少许

做法

1 卷心菜切成大片。B的所有材料混合拌匀。

2 锅中的水煮沸后放入少许盐，再放入卷心菜稍稍焯一下，用笊篱捞起。

3 卷心菜放凉后挤干水，再与已拌匀的B一起拌匀。

笠原小贴士

用同一种烹饪方法来处理几种食材时，不管是炸、烤还是煮，会有残渣和异味的食材要永远放在最后（或某种食材之后），这样烹饪过程才会顺利。加入辣和酸等较重口的味道，也是令人不会吃腻的诀窍之一。

味噌和山椒粉让美味倍增

田乐风*魔芋

前一天 拌匀之前

材料（1人份）

魔芋…50 g

盐…少许

C | 味噌…1大勺
  | 砂糖…1小勺
  | 山椒（见p.18）粉…少许

*田乐（田楽），指将豆腐、魔芋等食材涂抹味噌酱后烧烤的料理形式。此处的“田乐风”，意指借鉴了这种料理形式。

做法

1 魔芋用手撕成一口大小。C的所有材料混合拌匀。

2 锅中的水煮沸后放入少许盐，再放入魔芋煮约10分钟，用笊篱捞起。

3 魔芋放凉后沥干水，再与已拌匀的C一起拌匀。

●米饭

寿喜烧便当

偶尔也可以华丽一些

寿喜烧若做成便当的形式，当然也是超美味的。
浓醇的甜咸味酱汁，毫无疑问是超级下饭的。
不需要复杂的工序，
一次就能吃到丰富的肉和蔬菜，
简直棒极了。

烹饪时间 10分钟　制作顺序 制作寿喜烧

技巧在于各种食材分区摆放

寿喜烧

前一天

材料（1人份）

牛肉（寿喜烧用）…100 g
油豆腐…1/3块
洋葱…1/4个
香菇…2个
茼蒿…1/4把
A 水…150 mL
清酒…50 mL
酱油…2大勺
砂糖…$1\frac{1}{2}$大勺

做法

1 油豆腐切成一口大小。洋葱先对半纵切，再顺着纤维走向切成薄片。香菇去除根部。茼蒿叶子摘下备用（茎部可用来做味噌汤等）。

2 锅中倒入A的所有材料后开火，煮沸后放入牛肉，再加入1的食材，边煮边撇去浮沫，煮至酱汁浓稠。

●米饭
●温泉蛋（即蛋黄部分为半熟、蛋清部分为半凝固状态的水煮蛋）
●腌红姜

笠原小贴士

说到寿喜烧，就一定要有鸡蛋。便当可以使用市售的温泉蛋，要吃时剥去蛋壳放到米饭上面，就可以美美享用了。视觉上更有华丽感的便当，吃完后下午就有能量继续努力了。

盐烧鲑鱼便当

大家的老朋友鲑鱼1

价格经济实惠，又不需要事先做处理，
万人迷鲑鱼真是太棒了！
这里推荐的是大家熟悉的盐烧风味的鲑鱼，
作为副配菜的海苔拌土豆提供了特别的味觉补充，
考虑到味道的平衡再加入酸甜味的凉拌菜，
超美味的盐烧鲑鱼便当就完成了。

做法见p.26

大家的老朋友鲑鱼2

鲑鱼西京烧便当

鲑鱼西京烧也很值得推荐给大家一试。
制作味噌腌料时严格遵照材料用量指示，
就不会失败。
味道浓郁，即使冷掉也很好吃。
蔬菜也一起放入味噌腌料中腌制，
味道会很不错。
再来一道带有辣味的小菜，让口味更丰富。

做法见p.27

盐烧鲑鱼便当（p.24）的做法

烹饪时间 **15分钟**
（不包含生鲑鱼事先撒盐的时间）

制作顺序
生鲑鱼双面撒盐 ➡ 同一锅沸水中，按照豆芽、土豆的顺序依次烫煮 ➡ 烤或煎鲑鱼 ➡ 分别拌好豆芽、土豆

简简单单就足够美味

盐烧鲑鱼

前一天　冷冻保存

材料(1人份)

生鲑鱼或盐渍鲑鱼…1块
盐（用生鲑鱼时）…少许

做法

1 若用生鲑鱼，先双面撒盐，放置约20分钟，渗出的水用厨房用纸擦干。

2 **1**的鲑鱼放在加热好的烤网上或平底锅（事先放入适量油加热）中，烤或煎至两面呈焦黄色。

笠原小贴士

蔬菜被用来做凉拌菜的频率挺高的，海苔佃煮本就是“下饭小菜”，所以用来做凉拌菜时也要搭配适合下饭的蔬菜。除了土豆，也可使用小松菜、芦笋、菜豆等来尝试。

甜味与酸味中还带着些许辣味

酸甜火腿豆芽

前一天　到拌匀之前

材料（1人份）

火腿…1片
豆芽…30 g
盐…少许
A 芝麻油…1小勺
　酱油、醋…各1小勺
　砂糖…1/2小勺
　辣椒粉…少许

做法

1 锅中的水煮沸后放入少许盐，再放入豆芽稍微焯一下。用笊篱捞起，放凉后挤干水。

2 火腿切成粗丝。

3 **A**的所有材料混合拌匀，再与**1**的豆芽、**2**的火腿一起拌匀。

意外的组合，却惊人地相配

海苔拌土豆

前一天　到拌匀之前

材料（1人份）

土豆…1/2个
B 海苔佃煮*…1大勺
　炒白芝麻…1小勺

*海苔佃煮，指将烤海苔切丝或小片后用砂糖、酱油、清酒等熬煮而得到的小食。

做法

1 土豆切成一口大小。

2 土豆放入沸水中，煮至变软后捞出。

3 **B**的所有材料混合拌匀，再与放凉后的**2**的土豆一起拌匀。

●米饭
●梅干

鲑鱼西京烧便当（p.25）的做法

烹饪时间 15分钟

（不包含生鲑鱼事先撒盐的时间，以及放入味噌腌料中腌制的时间）

制作顺序 生鲑鱼双面撒盐 ➡ 切胡萝卜、白萝卜 ➡ 把生鲑鱼、蔬菜放入味噌腌料中腌制（前一天做到此环节）➡ 煎生鲑鱼、胡萝卜、白萝卜、水煮鹌鹑蛋 ➡ 制作辣炒竹轮麦麸卷

用味噌腌制的方式来展现高级料亭风

鲑鱼西京烧

蔬菜鹌鹑蛋味噌渍

前一天　冷冻保存

材料（1人份）

生鲑鱼…1块

胡萝卜…20 g

白萝卜…20 g

水煮鹌鹑蛋…2个

盐…少许

A | 味噌…40 g
  | 砂糖…10 g
  | 清酒…10 mL

色拉油…少许

做法

1 生鲑鱼双面撒盐，放置约20分钟。

2 胡萝卜、白萝卜切成方便食用的大小。

3 **A**的所有材料混合拌匀。生鲑鱼擦干水，表面涂满已拌匀的**A**，胡萝卜、白萝卜和水煮鹌鹑蛋也涂满已拌匀的**A**，一起放入冰箱冷藏室中腌制一夜。

4 刮去**3**的食材表面的腌料。平底锅中倒入色拉油加热，放入生鲑鱼、胡萝卜、白萝卜和水煮鹌鹑蛋，均煎至两面呈焦黄色（或者用加热好的烤网烤也可以）。

※用味噌等腌料腌制的食材要保存4天以上时，去除食材表面的味噌等腌料，用厨房用纸擦干水，再用保鲜膜包好，放入保存袋中冷冻保存，可保存约1个月。

笠原小贴士

西京烧的味噌腌料（**A**）里若拌入蔬菜，就能成为简单的味噌酱菜。不经过烹饪而直接作为酱菜来吃，也是很美味的。但若直接食用，要选择能够生食的蔬菜（如黄瓜、芹菜、甜椒等）。

软糯的口感，会上瘾的辛辣刺激

辣炒竹轮麦麸卷

前一天

材料（1人份）

竹轮麦麸卷*…1根

万能葱（见p.15）葱花…适量

B | 大葱碎末…1大勺
  | 出汁…1/2杯
  | 酱油…1/2大勺
  | 砂糖…2小勺
  | 豆瓣酱（辣）…1小勺

色拉油…少许

*竹轮麦麸卷，指以面粉为原料的筒状卷。

做法

1 竹轮麦麸卷切成1 cm厚的圆片。**B**的所有材料混合拌匀。

2 平底锅中倒入色拉油加热，放入竹轮麦麸卷翻炒，再加入已拌匀的**B**，翻炒混匀使入味。

3 炒好后撒上万能葱葱花。

●米饭

三色便当

传统的简单美味

任何时间吃都很美味，颜色又漂亮。
不用准备太多食材，而且制作简单。
集合了诸多优点的三色便当，
才是日式便当的王道！
鸡肉末的创新之处在于加入了洋葱，
是我的得意之作！
这样的美味，就连我自己也会沉迷。

烹饪时间 20分钟 制作顺序 制作鸡肉末 ➡ 制作炒鸡蛋 ➡ 制作芝麻油拌荷兰豆

加入洋葱，就算凉了也能保持湿润

鸡肉末

前一天 冷冻保存

材料（1人份）

鸡肉末…100g
洋葱…1/4个
A 清酒、砂糖…各1大勺
酱油…1½大勺
色拉油…适量

做法

1 洋葱切碎。A的所有材料混合拌匀。

2 平底锅中倒入色拉油加热，放入洋葱翻炒，炒软后加入鸡肉末，炒至熟透。

3 加入已拌匀的A，炒至汁水基本收干。

洋葱炒软后，用木勺一边搅散鸡肉末一边翻炒，直到熟透。

加入已拌匀的调味料后，炒至汁水基本收干。

甜香兼具的绝赞炒蛋

炒鸡蛋

材料（1人份）

鸡蛋…1个
B 清酒…1大勺
盐…一小撮
砂糖…1小勺
色拉油…少许

做法

1 鸡蛋打散，加入B的所有材料，混合拌匀。

2 平底锅中倒入色拉油加热，放入1的食材，炒至鸡蛋呈团粒状。

砂糖的甘甜与芝麻油的醇香令人赞叹

芝麻油拌荷兰豆

前一天 到拌匀之前

材料（1人份）

荷兰豆…8根
盐…少许
C 芝麻油…1小勺
盐、砂糖…各一小撮

做法

1 荷兰豆撕去两侧的硬筋。

2 荷兰豆放入加了少许盐的沸水中焯一下，用笊篱捞起，放凉后斜切成细丝。

3 C的所有材料混合拌匀，再与2的荷兰豆一起拌匀。

●米饭

笠原小贴士

绿色的蔬菜，比如荷兰豆、芦笋、菠菜、小松菜等都可以用来做这道拌菜。关键点是用芝麻油、砂糖和盐一起来调味，比起只是用盐煮，味道更丰富而且特别下饭。

衣笠盖饭便当

钱包紧张的时候

把煮汁炖煮的油豆腐皮和滑嫩的鸡蛋盖在米饭上，
就做好了衣笠盖饭。
总之很简单，不需要花太多时间，
这款便当做起来相当方便。
油豆腐皮充分吸收了美味的煮汁，
有着让人大口吃米饭的魔力。

烹饪时间 10分钟　制作顺序 油豆腐皮与炒鸡蛋混合 ➡ 便当内装入米饭 ➡ 做成盖饭形式

豪爽地大口吃米饭，也是一种很棒的吃法

衣笠盖饭

前一天　在装入便当盒之前

材料（1人份）

米饭…适量
油豆腐皮…1片
大葱（最好用九条葱*）…1/2根
鸡蛋…1个
A 出汁…1杯
酱油、味淋…各1大勺
砂糖…1小勺

*九条葱，指日本京都特产的一种葱，因由京都九条地区改良培育而成而得名。

※衣笠是京都附近的山，因其覆盖白雪时的样子像盖饭而被借名。

做法

1 油豆腐皮先对半纵切，再切成1 cm宽。大葱斜切成薄片。

2 锅中放入**A**的所有材料后开火。煮沸后放入**1**的油豆腐皮和大葱，继续煮。

3 大葱煮软且油豆腐皮入味后，将打散的鸡蛋沿着锅边转圈缓缓倒入，煮熟。

4 在便当盒内装入米饭，再放上**3**的食材。

●柴渍（见p.15）茄子

笠原小贴士

若将衣笠盖饭的油豆腐皮换成鸡肉，就是亲子盖饭；换成鱼板，就成了木叶盖饭；换成蟹肉鱼板或金枪鱼罐头，也一样美味。要注意的是，通常盖饭中的鸡蛋都是半熟状态的，用于便当中则要煮熟才行。

炸什锦风盖饭便当

不用费时间炸的

想吃炸什锦盖饭。
但是早上做炸什锦，时间实在是太赶了……
为想吃炸什锦的那些时刻，
我设计了这款模仿炸什锦口味但不需要炸的便当。
加入天妇罗渣，就可以做出炸什锦风的创意便当。

烹饪时间 10分钟

制作顺序 炒蔬菜和樱花虾 ➡ 装米饭 ➡ 放入炒好的蔬菜和樱花虾，撒上天妇罗渣

浸透了甜咸味酱汁的米饭太好吃了

炸什锦风盖饭

前一天 在装入便当盒之前

材料（1人份）

米饭…适量
洋葱…1/4个
胡萝卜…30 g
红薯…50 g
鸭儿芹…3根
樱花虾…10 g
天妇罗渣*…10 g
色拉油…1大勺

A
- 水…3大勺
- 酱油、味淋…各1大勺
- 砂糖…1小勺

*天妇罗渣，指炸天妇罗时所产生的渣。若买不到现成的，也可以直接用天妇罗粉或面粉兑水，油热后撒入油中炸制而得。

做法

1 洋葱先对半纵切，再顺着纤维走向切成薄片。胡萝卜、红薯切成粗丝，鸭儿芹切成3 cm长。

2 平底锅中倒入色拉油加热，放入**1**的蔬菜翻炒。红薯炒热后，放入**A**的所有材料和樱花虾，继续翻炒。

3 便当盒中装入米饭，再放上**2**的食材，最后撒上天妇罗渣。

●梅干

笠原小贴士

在这款炸什锦风的便当中，樱花虾是个重要的食材。虾的香脆和甘甜，完全表现出了炸什锦的风味。天妇罗渣也是个很棒的食材，在吃便当时，它会因为吸收了汤汁而膨胀起来！

煎蔬菜便当

控制热量

就算没有肉也能带来满足感，
关键就是用黄油、酱油等来调味，
浓郁的滋味让口感升级。
而盐海带拌的清爽凉菜，
让味道得到了很好的平衡。

烹饪时间 15分钟 制作顺序 煎蔬菜 ➡ 拌盐海带和拍黄瓜

让蔬菜变身为主配菜

煎蔬菜

材料（1人份）

南瓜…50g

甜椒（红）…1/4个

杏鲍菇…1个

茄子…1/2个

A 酱油、清酒、味淋…各1大勺

黄油…1小勺

碎黑胡椒粒…少许

色拉油…适量

做法

1 南瓜去籽，甜椒去蒂、去籽，一起切成方便食用的大小。杏鲍菇、茄子也切成方便食用的大小。A的所有材料混合拌匀。

2 平底锅中倒入色拉油加热，先放入南瓜，单面煎熟后翻面，再放入剩余的蔬菜一起煎。

3 所有的蔬菜都煎至表面呈焦黄色后，放入已拌匀的A，翻炒混匀使入味。

不要切而是拍，才更容易入味

盐海带拌拍黄瓜

前一天 到拌匀之前

材料（1人份）

黄瓜…1/2根

B 盐海带*…3g

炒白芝麻…少许

芝麻油…1小勺

辣椒粉…少许

*盐海带（塩昆布，塩こぶ），指日本的一种盐渍干海带丝，可直接配米饭食用，也可用来做沙拉、茶泡饭等。

做法

1 黄瓜用菜刀拍扁，切成一口大小。

2 B的所有材料混合拌匀，再与1的黄瓜一起拌匀。

●米饭

笠原小贴士

蟹味菇、洋葱、胡萝卜、红薯用相同方法来煎，也很好吃。便当里最好放一种如南瓜或红薯般容易有饱腹感的食材，这样可以增加便当的分量感。

日式便当专栏 1

便当的“三种神器”

烤海苔

大家可以常备一些既能用来配米饭，也可用来做菜的容易保存的海苔。烤海苔要比一般的调味海苔更方便食用。如果方便，最好每次按最小需求量购买及存放。

使用方法

●加在白灼蔬菜中→烫煮好的蔬菜中放入烤海苔和酱油，一起拌匀。也可以用芝麻油和海苔拌在一起（即使海苔变软也依然好吃）。

●混在面衣当中→切碎的烤海苔和面粉、水一起拌匀，作为鱼肉、红肉、竹轮等的面衣。

●放入玉子烧中→切碎后与蛋液一起拌匀，然后做成玉子烧。

●做成海苔佃煮→烤海苔如果受潮变软了，可与酱油、砂糖、清酒等一起熬煮做成海苔佃煮。

鲣鱼干薄片

鲣鱼干薄片保存方便、用途广泛，同时在对付便当最大的敌人“汁水”这方面，它可是救星一样的存在。保存时分别放入小袋子中，更方便使用。

使用方法

●在炖菜的最后放入→从竹笋土佐煮*，到炖土豆或牛蒡，都可以在最后放入鲣鱼干薄片。

●放入炒菜中→炒卷心菜或小白菜等时，加入鲣鱼干薄片能让味道更丰富。

●作为凉拌调料→焯过的芦笋或小白菜，以及生的卷心菜或黄瓜，都可以用酱油和鲣鱼干薄片凉拌。

●撒在海苔便当的海苔下面。

*土佐煮，指土佐当地的特色料理，多是将鲣鱼干薄片与蔬菜、酱油等一起炖煮。

梅干

原本就很喜欢的超赞的梅干，还可以起到防止腐坏的作用，真是绝妙。比起蜜渍果干，传统的酸味梅干更适合搭配各种料理。

使用方法

●作为凉拌调料 →去核的梅干用菜刀剁成泥，与黄瓜或焯过的菠菜、芦笋一起拌匀。

●与鱼一起煮 → 清酒、味淋、砂糖的煮汁中放入梅干，就变成了梅干煮汁。特别适合用来煮沙丁鱼或秋刀鱼、鲭鱼等蓝背鱼。

●和米饭一起煮。

●用来做梅干天妇罗（见p.49）。

说到烤海苔，首先想到的就是海苔便当

大小适宜的海苔卷也很有魅力

鲣鱼干薄片适合大部分的蔬菜

味噌里加入鲣鱼干薄片一起拌匀，可作为味噌汤的汤料（见p.65）

梅干天妇罗居然很好吃

梅干肉与蛋黄酱混在一起也超美味

第2章 三菜式便当

一道主菜，两道副菜。

这样三道配菜的搭配，我认为可作为便当的基本搭配。

不管是味道、口感还是分量，都容易达到恰到好处的平衡。

不过，每天早上都做三道配菜也是挺不容易的。

为了应付繁忙时刻，我也会推荐一些可以直接放入便当的常备配菜。

还介绍了能提升女子力（当然希望男性朋友也能尝试一下）的便当用酱汁，

请务必试着做一下。

三菜式便当的规则

1 味道和口感不同的配菜组合在一起

三道配菜若都是味道较重的类型，口感会过于强烈；反之，若全部做成清爽口味，又不太下饭。所以，便当也要像平时的家常菜一样，清爽的口味搭配浓郁的味道，考虑如何达到味觉的平衡，是最重要的事情。还有一点就是，把不同口感的配菜搭配在一起，比如松软的豆腐鸡肉堡搭配爽脆的紫苏腌白菜。

2 考虑烹饪时间上的平衡

如果做了一道比较费时的配菜，那剩下的两道配菜就尽量简单一些。比如，主配菜做味噌炸鸡排时，副配菜就用切成丝的卷心菜和快速炒几下就能完成的金平裙带菜。这样一来，制作三道配菜也就不是那么难以完成的事情了。为了能将做便当长久地坚持下来，还是不要太拼过头了吧！

3 用同一个烹饪器具高效地搞定两道配菜

有时，可以用同一个烹饪器具同时做出来两道配菜。比如，主配菜是炖鱼，那就可以在同一个锅中做炖蔬菜作为一道副配菜，或者用炸锅同时做主配菜和副配菜。烹饪方法一样，味道会不会也相似呢？如果担心味道雷同，稍微花点心思就可以避免了（见 p.49 和 p.53）。

关于色彩搭配

便当料理书中经常会写有“聚齐红、黄、绿三种颜色”这类的建议。

但是，从我的理解出发，“比起色彩，当然味道更重要”。虽然颜色丰富的便当看起来很美味，但是若因太过于专注色彩而忽略味道，我就会觉得“那样的建议，不如无视”。对我来说，为了色彩勉强放些水煮西兰花什么的，反倒是没品位的表现。不过，日本料理文化中的确有“青色即是美”的理念，将菠菜、西兰花和芦笋等合理地点缀在菜肴中，能提升便当的美感，似乎便当一下子变得更美味了。

炒菜里的绿色！
（油豆腐皮炒菠菜，见p.53）

最后放入绿色的万能葱！
（黑芝麻土豆沙拉，见p.15）

绿色蔬菜当副配菜！
（核桃拌菜豆，见p.19）

肉类便当1

猪肉黄金烧便当

切得很厚的肉给人一种满足感，
水煮芋头浓厚的美味也让人无法忘却。
这是一款集合了多种美味要素的便当。
肉块蘸满蛋液再煎，不仅能够锁住美味肉汁，
而且即便凉了也能保持柔嫩的口感。

烹饪时间 30分钟

制作顺序 制作水煮芋头 ➡ 制作猪肉黄金烧 ➡ 制作梅干紫苏拌茄子

以蛋黄为主的面衣造就日本风味的意式猪排

猪肉黄金烧

前一天 冷冻保存

材料（1人份）

猪上肩肉（猪排专用）…1块

盐…少许

面粉…少许

A 蛋黄…1个
清酒…1小勺
碎黑胡椒粒…少许

色拉油…适量

黄油…5g

做法

1 猪上肩肉去除筋膜，撒少许盐调味，再涂上薄薄一层面粉。A的所有材料混合拌匀。

2 平底锅中倒入色拉油加热，猪上肩肉蘸满已拌匀的A，放入锅中用小火慢煎肉块的两面。放入黄油，继续煎至肉块整体均匀混上黄油。

3 切成方便食用的大小。

肉块蘸上蛋液后，要马上放入热好的平底锅中煎。

带着幸福的味道的出汁在口中蔓延开来

水煮芋头

前一天

材料（1人份）

芋头…4个

B 出汁…1½杯
酱油、味淋…各1大勺
砂糖…1小勺

做法

1 芋头切成一口大小，放入冷水中煮至水沸焯一下，以去除表面的黏液。

2 在锅中放入B的所有材料和1的芋头后开火，煮至汁水收干。

青紫苏的香气带来清爽口感

梅干紫苏拌茄子

前一天 到拌匀之前

材料（1人份）

茄子…1个

青紫苏…2片

梅干肉（见p.19）…1大勺

盐…少许

做法

1 茄子先对半纵切，再分别从一端起斜切成薄片，撒少许盐后揉抓一会儿，并挤干水。青紫苏切成细丝。

2 青紫苏与梅干肉混合，再与1的茄子一起拌匀。

笠原小贴士

实不相瞒，“在米饭上撒点芝麻盐”这种小改变，就会令我很开心。味道自然不用说了，而且还让便当更吸引目光，只是看着就感觉很美味了。花点简单的小心思就会很棒，这也是日式便当受人欢迎的原因之一吧。

- 米饭（撒上芝麻盐）
- 荷兰豆（盐水煮）

肉类便当2

香煎牛肉便当

关键时刻来份牛肉便当吧！
先用美味的酱汁腌制，煎成味道浓郁的肉排。
搭配滑溜溜的魔芋丝、爽脆的莲藕，
用有张有弛的味道和口感来提升满足感。

烹饪时间 30分钟
（不包含腌肉的时间）

制作顺序 腌制牛肉 ➡ 水煮沸，按照莲藕、菜豆、魔芋丝的顺序烫煮 ➡ 炒菜豆、魔芋丝 ➡ 煎牛肉 ➡ 拌莲藕

重点就是蘘荷

香煎牛肉

前一天

材料（1人份）

牛肉（牛排专用）…150 g

A | 大葱碎末…1大勺
蘘荷碎末…1大勺
生姜泥…1/2小勺
清酒、酱油、味淋…各1大勺

色拉油…适量

做法

1 A的所有材料混合拌匀，再与牛肉一起拌匀，腌制约20分钟。

2 平底锅中倒入色拉油加热，放入1的牛肉，用中火煎至双面呈焦黄色。牛肉变色断生后，放入1的腌汁，煮至酱汁浓稠。

3 切成方便食用的大小。

撒黑胡椒时可豪迈地多撒些

黑胡椒炒魔芋丝

前一天

材料（1人份）

魔芋丝…1袋

菜豆…少许

B | 酱油、清酒…各1大勺
碎黑胡椒粒、砂糖…各1/2小勺

色拉油…适量

做法

1 菜豆切成短段。魔芋丝切成方便食用的大小。B的所有材料混合拌匀。

2 菜豆、魔芋丝快速焯水。

3 平底锅中倒入色拉油加热，放入2的食材翻炒。炒至食材全部与色拉油混合均匀后，放入已拌匀的B调味。

莲藕和明太子是最好的搭档

明太子拌莲藕

前一天 到拌匀之前

材料（1人份）

莲藕…50 g

辛明太子（见p.13）…20 g

芝麻油、酱油…各1小勺

做法

1 莲藕先对半纵切，再切成薄片，快速焯水。

2 辛明太子划开表皮，取出里面的鱼子，与芝麻油和酱油混合拌匀。

3 1的莲藕沥干水，与2的食材一起拌匀。

●米饭

笠原小贴士

孩子开运动会时我经常会做牛肉便当，据说能让人一下子就振奋起精神。这里介绍的是配料丰富的符合成年人口味的牛肉做法，香气满溢，更能下饭。

肉类便当3

味噌炸鸡排便当

相比鸡腿肉，做炸鸡排使用鸡胸肉更好一些。鸡胸肉斜割成片后很容易炸熟，这也是选用的理由之一。浇上浓郁醇厚的味噌酱，就是上品的美味。炸鸡排的好搭档卷心菜，也要用调味料来提升味道，使其更符合成年人的口味。

烹饪时间 20分钟

（不包含制作味噌酱的时间）

制作顺序 制作炸鸡排的味噌酱 ➡ 切卷心菜、蘘荷、青紫苏，浸泡在冷水中 ➡ 炸鸡排 ➡ 做金平裙带菜 ➡ 卷心菜、蘘荷、青紫苏沥干水后拌匀

浓郁的赤味噌是决定酱汁味道的关键

味噌炸鸡排

前一天　冷冻保存

材料（1人份）

鸡胸肉…100 g

A
- 赤味噌…100 g
- 蛋黄…2个
- 清酒…1/2杯
- 砂糖…50 g

盐…少许

面粉…少许

鸡蛋…1个

面包糠…适量

炸物专用油…适量

柠檬片…少许

做法

1 小锅中加入A的所有材料，开小火边加热边搅拌。加热至味噌恢复原本的稠糊状即可（前一天做好比较轻松）。

2 鸡胸肉斜割成1 cm厚的片，撒盐调味。按照面粉、打散的鸡蛋、面包糠的顺序裹好面衣。

3 2的鸡胸肉放入170 ℃的炸物专用油中，炸2～4分钟即可捞起。

4 在炸鸡排旁放上1的味噌酱，再放上柠檬片。

※ 制作味噌酱使用蛋黄后，剩余的蛋清可以与面衣使用的鸡蛋混合，或者作为豆腐鸡肉堡（见 p.47）的肉馅材料使用。

蘘荷与青紫苏的日式沙拉

成年人口味的卷心菜丝

前一天

材料（1人份）

卷心菜…1/6个

蘘荷…1个

青紫苏…2片

做法

1 卷心菜、蘘荷、青紫苏切成细丝，浸泡在冷水中使其变得爽脆。

2 充分沥干水，一起轻轻拌匀。

味噌炸鸡排的味噌酱容易煮煳，所以一定要用小火，并不断用木勺搅拌。煮至用木勺划过酱汁后划痕不易消失的状态，就完成了。

比佃煮更新鲜

金平裙带菜

前一天

材料（1人份）

裙带菜（盐渍）…50 g

B
- 清酒…$1\frac{1}{2}$大勺
- 酱油…1大勺
- 砂糖…1小勺
- 炒白芝麻…1小勺
- 辣椒粉…少许

芝麻油…1大勺

做法

1 裙带菜用水泡发，沥干水。B的所有材料混合拌匀。

2 平底锅中倒入芝麻油加热，放入裙带菜翻炒。

3 炒至裙带菜被芝麻油浸润后，放入已拌匀的B，翻炒混匀使入味。

●海苔饭团

●泽庵腌萝卜（见 p.13）

笠原小贴士

味噌炸鸡排的味噌酱只做少量的话容易煮煳，所以一次可以多做些保存起来，放入冰箱冷藏可保存约2周。味噌酱还可以涂在烫煮过的魔芋上做成田乐风味的美食，搭配炸茄子或烤茄子也很美味。

肉类便当4

豆腐鸡肉堡便当

鸡肉末中加入等量的豆腐，就能做出软绵绵的豆腐鸡肉堡了。
健康的饮食拥有无穷的魅力。
考虑到味道的平衡，副配菜以咸味为基调。
撒了盐和青海苔碎末的英式风味的炸薯条，
还有制作简单的紫苏腌白菜，都是不可缺少的搭配。

烹饪时间 30分钟

（不包含豆腐挤干水的时间）

制作顺序 制作豆腐鸡肉堡 ➡ 制作咸味炸薯条配海苔 ➡ 制作紫苏腌白菜

就算冷掉也是软绵绵的，日式风味的酱汁也是重点

豆腐鸡肉堡

前一天　冷冻保存

材料（1人份）

鸡肉末…100 g

木棉豆腐…100 g

A 大葱碎末…1/3根大葱的分量

生姜泥…1/2小勺

太白粉…1大勺

鸡蛋…1/2个

盐…1/2小勺

碎黑胡椒粒…少许

色拉油…适量

B 味淋…2大勺

清酒、酱油…各1大勺

做法

1 木棉豆腐用毛巾包起来，压上腌菜用的重石（其他重物也可以）后静置20～30分钟，将汁水充分压挤出来。

2 大碗中放入鸡肉末、1的木棉豆腐和A的所有材料，揉拌均匀。

3 平底锅中倒入色拉油，2的食材捏成4个小汉堡包状的圆饼，整齐排放在锅中，小火慢煎两面，直到熟透。

4 火力稍调大，煎至圆饼表面呈焦黄色，放入B的所有材料，煮至酱汁浓稠。

最下饭的味道

紫苏腌白菜

前一天　到拌匀之前

材料（1人份）

白菜…100 g

盐…少许

紫苏拌饭料*…1小勺

*紫苏拌饭料（ゆかり），指日本三岛食品公司旗下的一款碎末状的拌饭料产品，以紫苏为主要材料。若买不到可用紫苏干碎叶代替。

做法

1 白菜顺着纤维走向切成5 cm长的粗丝。

2 用盐揉搓1的白菜，再充分挤干水。

3 与紫苏拌饭料一起拌匀。

把圆饼整齐排放在平底锅中。这样就不会出现上色不匀的现象了。

用少量的油既煎又炸

咸味炸薯条配海苔

前一天

材料（1人份）

红薯…1/2个

色拉油…适量

青海苔碎末…1大勺

盐…少许

做法

1 红薯切成横截面为边长1 cm的正方形长条。

2 平底锅中倒入色拉油（比一般煎东西时稍多放些）加热，放入1的薯条煎炸。

3 沥干油，撒上青海苔碎末和盐。

●米饭（放上梅干，撒上炒黑芝麻）

笠原小贴士

紫苏拌饭料若仅用来撒在米饭上，就实在太可惜了！黄瓜、芜菁、白萝卜等也可以像白菜一样用盐揉搓，再拌上紫苏拌饭料做成盐渍风味小菜。或者与烫煮过的芦笋、小松菜、西兰花一起拌匀，就可以快速完成超美味的凉拌菜。

鱼肉便当1

鲭鱼竜田炸便当

「竜田炸」「炸浸」，还有「天妇罗」，
每种炸物都有口感上的不同，
完全不用担心因都是炸物而会吃厌。
所有的食材都事先处理好，
用同一锅油来炸效率更高。
最推荐大家尝试的，是梅干天妇罗。

烹饪时间 25分钟

制作顺序 制作炸浸芦笋青椒的浸汁 ➡ 切蔬菜 ➡ 鲭鱼调味 ➡ 制作天妇罗面衣 ➡ 芦笋、青椒炸过后浸泡在浸汁中 ➡ 同一锅油炸梅干 ➡ 同一锅油炸鲭鱼

若要以鲭鱼作为便当配菜，一定要选这道菜

鲭鱼竜田炸*

前一天 冷冻保存

材料（1人份）

鲭鱼…1块

A | 酱油、味淋…各1大勺
  | 生姜泥…1/2小勺

太白粉…适量

炸物专用油…适量

*竜田炸（竜田揚げ），指将鸡肉、鱼肉等事先用酱油、味淋等调味，再裹上太白粉用油炸的料理形式。

做法

1 鲭鱼剔去骨头后切成一口大小，与A的所有材料一起混合拌匀，静置约5分钟。

2 鲭鱼表面涂抹太白粉。

3 2的鲭鱼放入170 ℃的炸物专用油中，炸3～4分钟。

刚炸好趁热放入浸汁中

炸浸**芦笋青椒

前一天

材料（1人份）

芦笋…1根

青椒…2个

B | 出汁…1杯
  | 酱油、味淋…各20 mL

炸物专用油…适量

**炸浸（揚げ浸し），指将刚炸好的食材放入出汁等汁水中浸泡的料理形式。

做法

1 小锅中倒入B的所有材料后开火，煮沸后关火，放凉。

2 芦笋去除根部的皮，切成方便食用的大小。青椒去籽，切成一口大小。

3 2的食材放入170 ℃的炸物专用油中，炸好后捞出浸泡在1的浸汁中。

酸味的梅干与松脆的面衣是绝配

梅干天妇罗

前一天

材料（1人份）

梅干…2个

C | 水…50 mL
  | 鸡蛋…1/2个
  | 面粉…50 g

炸物专用油…适量

做法

1 C的所有材料混合拌匀，做成天妇罗面衣。

2 梅干裹上天妇罗面衣，放入170 ℃的炸物专用油中，炸至松脆。

接下来炸裹好面衣的梅干　首先炸蔬菜

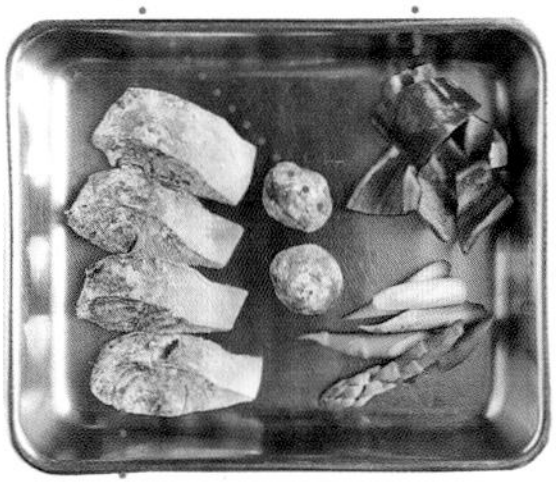

因为气味会散发至油中，所以鱼要放在最后炸

笠原小贴士

除了芦笋和青椒，茄子、胡萝卜、南瓜、西葫芦、甜椒、蘘荷、玉米笋（指玉米很幼嫩的果穗）等也很适合炸浸的料理形式。如果放入冰箱冷藏，可以保存约1周，所以每次可以多做些。

●山椒仔鱼***饭团

●泽庵腌萝卜（见 p.13）

●海带佃煮（见 p.18）

***山椒仔鱼，指将鳀鱼、沙丁鱼等的幼鱼与山椒、清酒、酱油等调味料一起煮成的日式下饭小菜。

鱼肉便当2

芝麻照烧鲅鱼便当

三道配菜，都是以传统味道为基础做了些许改良，所以这款也可称为『打破传统』便当吧。鲅鱼做成照烧口味，同时加入白芝麻酱，让味道变得更浓郁。胡萝卜丝用黑胡椒提味。鱼板蘸上芝士粉来煎就更香了！

烹饪时间 25分钟

制作顺序 制作芝麻照烧鲅鱼 ➡ 制作胡萝卜丝 ➡ 制作煎芝士鱼板

芝麻的浓香和鲅鱼简直是绝配

芝麻照烧鲅鱼

前一天 冷冻保存

材料（1人份）

鲅鱼…1块

A | 酱油、味淋、清酒…各1大勺
  | 白芝麻酱…1大勺

色拉油…适量

做法

1 A的所有材料混合拌匀。

2 平底锅中倒入色拉油加热，鲅鱼外皮面向下放入锅中，煎至呈焦黄色后翻面，煎至两面上色均匀。

3 用厨房用纸擦去锅中余油，加入已拌匀的A，煮至酱汁浓稠。

黑胡椒和白芝麻，美味的享受

胡萝卜丝

前一天

材料（1人份）

胡萝卜…100 g

B | 清酒、酱油…各1大勺
  | 碎黑胡椒粒…少许

色拉油…适量

炒白芝麻…少许

做法

1 胡萝卜切成火柴棍大小。B的所有材料混合拌匀。

2 平底锅中倒入色拉油加热，放入胡萝卜翻炒。炒至变软后，加入已拌匀的B，翻炒混匀使入味。

3 撒上炒白芝麻。

笠原小贴士

在这里介绍一个很实用的做照烧口味鱼类料理的办法。基本的照烧口味，一般是将酱油、味淋、清酒以1∶1∶1的比例混合作为基础照烧汁。若再以0.5∶0.5的比例加入炒芝麻（略磨碎）和砂糖，就做成了“芝麻照烧汁”；或者再以1∶0.5的比例加入水、砂糖，以及加入适量牛蒡泥，就做成了“牛蒡照烧汁”。

用芝士鸡蛋面衣提升口感

煎芝士鱼板

前一天

材料（1人份）

鱼板…30 g

C | 鸡蛋…1个
  | 芝士粉…1大勺

面粉…少许

色拉油…适量

做法

1 鱼板切成1 cm厚的片。C的所有材料混合拌匀。

2 鱼板按照面粉、已拌匀的C的顺序蘸好面衣，放入已倒入色拉油加热好的平底锅中，煎至表面呈焦黄色。

●米饭（撒上青海苔碎末）

●腌黄瓜

鱼肉便当3

煮银鳕鱼便当

说到日式便当，就应该是这样的。
煮鱼的汤汁也可以拿来煮蔬菜，毫不浪费。
简单的工序就完成了两道菜，
十分符合环保理念。
日式素炒的菠菜，分量很足。

烹饪时间 35分钟　制作顺序 制作煮银鳕鱼、煮竹笋牛蒡 ➡ 制作油豆腐皮炒菠菜

前一天先做好，就会更入味

煮银鳕鱼
煮竹笋牛蒡

前一天

材料（1人份）

银鳕鱼…1块

水煮竹笋（市售）…50g

牛蒡…50g

A　水、清酒…各75mL

　　酱油、味淋…各25mL

　　砂糖…1大勺

切成薄片的生姜…1块

做法

1 水煮竹笋切成比较大的一口大小。牛蒡削皮，切成一口大小。一起放入冷水中煮约10分钟。

2 银鳕鱼放入沸水中，表面颜色变白后捞出，用水冲洗以去除杂质与腥味。

3 锅中倒入**A**的所有材料后开火，煮沸后放入**1**、**2**的食材，中火煮约10分钟。加入切成薄片的生姜，再煮约5分钟。

同一锅汤汁，同时煮鱼和蔬菜，简直一石二鸟！一起放入，同时煮好。

笠原小贴士

煮鱼和煮蔬菜的汤汁，还可以用来煮各种各样的食材，魔芋、蘑菇、芜菁和炸鱼饼都可以，莲藕、芋头、胡萝卜等这样的根茎类蔬菜煮出来也很美味。

甘甜的味道，让人安心的美味

油豆腐皮炒菠菜

前一天

材料（1人份）

菠菜…1/2把

油豆腐皮…1片

B　清酒、酱油…各1大勺

　　砂糖…1小勺

　　碎黑胡椒粒…少许

色拉油…少许

做法

1 菠菜切成大片。油豆腐皮切成粗丝。**B**的所有材料混合拌匀。

2 平底锅中倒入色拉油加热，放入菠菜、油豆腐皮，一起翻炒。炒至所有食材与色拉油均匀混合后，加入已拌匀的**B**，翻炒混匀使入味。

●米饭

●柴渍（见p.15）茄子

鱼肉便当4

吉野煮虾仁便当

口感滑弹、色泽鲜亮的虾仁是主角。因为主配菜是味道温和的煮物，所以一道副配菜用刺激辛辣的芥末酱搭配西兰花。再以另一道副配菜香菇大葱作为补充，整体色彩就更完美了。

烹饪时间 25分钟

制作顺序 烫煮西兰花 ➡ 制作吉野煮虾仁 ➡ 制作香菇大葱 ➡ 拌西兰花

滑溜溜的口感让人欣喜

吉野煮*虾仁

前一天

材料(1人份)

鲜虾…5只

太白粉…适量

A 出汁…50 mL
 酱油、味淋…各1/2大勺
 砂糖…1小勺

*吉野煮，指用葛根粉来煮食材的料理形式。如果没有葛根粉，有时也会用太白粉等其他淀粉代替。

做法

1 鲜虾去尾去壳，背部用刀划开去除肠线。

2 虾仁表面涂上太白粉，放入沸水中快速汆烫后捞起。

3 锅中倒入A的所有材料后开火，煮沸后加入2的虾仁，煮至酱汁浓稠。

虾仁表面涂上太白粉，快速焯水。表面颜色开始变化且整体变得有弹性后就可以捞起来了。

芥末酱作为凉拌调料

芥末拌西兰花

前一天 到拌匀之前

材料（1人份）

西兰花…1/3个

盐…少许

B 酱油、味淋…各1大勺
 芥末酱…1/2小勺

做法

1 西兰花切成小朵。

2 1的西兰花放入加了少许盐的沸水中，烫煮至稍变软仍支架的状态，用笊篱捞起，充分沥干水。

3 混合B的所有材料，与2的西兰花一起拌匀。

笠原小贴士

鲜虾的事先处理非常简单，在海鲜中算是容易利用的食材。本书中出现的一些料理，比如猪肉黄金烧（见p.41）、甜醋渍鱿鱼（见p.63）、咖喱蛋黄酱拌鸡胸肉（见p.63），都可以将主材替换成鲜虾来制作。

外表朴素的香菇，却有着极致的美味

香菇大葱

前一天

材料（1人份）

香菇…4个

大葱…1/3根

芝麻油…1小勺

C 清酒…1大勺
 盐…少许
 炒白芝麻…少许

做法

1 香菇去除根部，用手撕成小块。大葱从一端起切成厚1~2 mm的圆片。

2 平底锅中倒入芝麻油加热，放入1的食材翻炒，炒至变软后加入C的所有材料调味。

●米饭［撒上紫苏拌饭料（见 p.47）］

装便当的启示

改变装便当的方式，打开便当那一瞬间的印象也会随之改变。
正因这是好不容易做出来的便当，
所以希望尽可能不留空隙地把所有食材都好好地装进去。
在这里介绍下我个人装便当的方法，希望能给大家一些参考。

1

装米饭

米饭冷掉后比较难装，因此要在做菜之前，趁米饭还温热时就装入便当盒，然后再等它变凉。紧靠着盒子一边将米饭轻轻压实填入就可以了。分量上，一般装入便当盒约 1/2 的容量比较合适。可以依据个人喜好来平衡米饭和菜肴的比例。

2

在主配菜下面先放入副配菜

便当盒比较深时，或者主配菜放入后太低时，可以先放入副配菜作为主配菜的托底。什么副配菜作为托底都可以，但是最推荐的是本身就有形状的食材，或者卷心菜丝之类的食材（图中的便当，放入的是炸薯条）。

※一定要等菜完全变凉后才能装入盒中，这是铁律。

3

放入主配菜

比较占位置的主配菜，一般要优先放入。放入前，食材应根据情况切成方便食用的大小。步骤 **2** 中已先放入副配菜，主配菜放在副配菜上面。玉子烧之类形状固定的副配菜，最好比主配菜先放入盒中。移动主配菜使其与盒边角贴紧，尽量不要留有空隙。

4

塞入副配菜

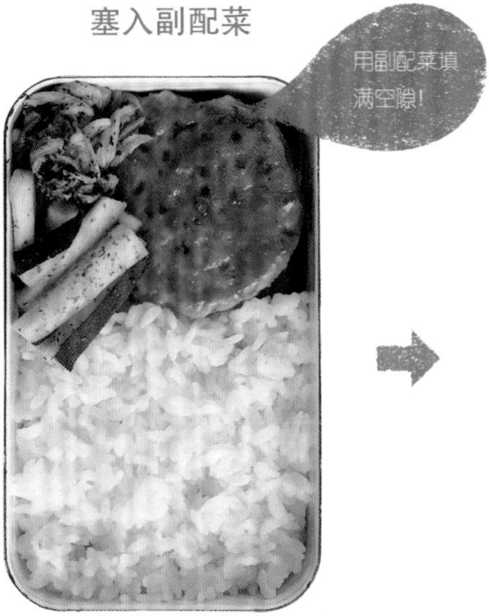

有空隙的地方，就用来塞入副配菜。形状固定的副配菜（比如图中的炸薯条）要先放进去，形状能够自由变化的副配菜（比如图中的紫苏腌白菜）最后再塞进去，尽量把空隙都塞满。如果有空隙，便当里的菜就会移动，就容易出现汤汁泄漏的状况。

5

完成

检查便当整体，“颜色不足”时，米饭上面可以撒一些拌饭料等，让便当看起来更豪华（依据个人喜好）。图中的便当，已经有茶色、黄色和绿色的菜肴，所以最后以梅干的红色和芝麻的黑色，让整个便当的颜色变得更吸引人。

日式常备菜

有了它太方便了！还可以当作晚餐！

有了可以直接装入盒中的常备菜，制作便当就能变得很轻松了。可以作为主菜的材料，也可以直接当作小吃或下饭菜。当然，在晚餐中也可以很好地利用这些菜品。

味噌渍猪火腿

鲜虾烧卖

烟熏鸡翅

不费力也不需要技巧的自家制火腿

味噌渍猪火腿

材料(容易做的分量)

猪后腿肉…1块（300g）
洋葱…1/2个
海带（出汁用）…3g（边长约5cm的小片）
A 味噌…50g
砂糖…20g
清酒…20mL

做法

1 洋葱先对半纵切，再顺着纤维走向切成薄片。混合**A**的所有材料，涂抹在猪后腿肉上，揉搓入味，放入冰箱冷藏约2天。

2 锅中加水煮沸，放入**1**的洋葱、海带和**1**的猪后腿肉，小火煮20分钟。关火，静置冷却至常温。

3 猪后腿肉沥干水，切成薄片食用。

保存期限 可在冰箱中冷藏5天，冷冻3周

猪肉末和虾仁的双重美味

鲜虾烧卖

材料（20个的分量）

烧卖皮…20片
鲜虾…100g
猪肉末…200g
大葱…1/2根
A 清酒…1大勺
砂糖…2小勺
酱油…1小勺
盐、生姜泥…各1/2小勺
太白粉…1大勺

做法

1 大葱切碎。鲜虾去尾去壳，背部用刀划开去除肠线，切碎。

2 大碗中放入**1**的食材、猪肉末和**A**的所有材料，揉拌均匀。

3 烧卖皮放在手心中，放上1大勺**2**的食材。拇指和食指圈成圆环收紧烧卖口部，然后整平烧卖底部。

4 3个一排放入预热好的蒸笼里，大火蒸约10分钟。也可以油炸，也很好吃。

保存期限 可在冰箱中冷藏3天，冷冻3周

烟熏不仅增加香气，还能让味道更浓郁

烟熏鸡翅

材料（8只的分量）

鸡翅…8只
盐…少许
A 酱油…2大勺
味淋…1大勺
碎黑胡椒粒…1/2小勺
烟熏用樱木棍…1捆

做法

1 锅中放入大量的水和少许盐，再放入鸡翅，开大火。煮沸后转小火，继续煮约5分钟后捞出。

2 散热后擦干水，与**A**的所有材料一起拌匀，揉拌10分钟使入味。

3 较深的中华炒锅或平底锅中放入烟熏用樱木棍后开火，等烟冒出后转小火。将烤网架在锅上，放上擦干汁水的**2**的鸡翅，罩上不锈钢大盆，烟熏5分钟。

※可以用同样的方法熏制鱼板、水煮蛋、芝士等，也一样美味。

保存期限 可在冰箱中冷藏5天，冷冻3周

用烟熏制是为了增添香气。食材放在烤网上，利用余热使其熟透。

为避免烟散逸，用不锈钢大盆罩住锅。大盆会变烫，所以取走时要特别小心。

芥菜鲑鱼碎
海带大豆
梅干帆立贝拌豆渣

一道小菜就能让人开心，是基本款常备菜

海带大豆

材料（容易做的分量）

大豆…200 g

早煮海带*…20 g

酱油…3大勺

砂糖…80 g

水…1 L

*早煮海带（早煮昆布，早煮こぶ），多指纤维少、容易煮软、适于食用的海带，而纤维多、富含营养、专门用来煮出汁的则被称为出汁海带。

做法

1 大豆洗干净，浸泡在足量冷水中约1小时至泡涨，然后用笊篱捞起。

2 早煮海带用厨房剪刀剪成一口大小。

3 锅中倒入1 L水，然后放入**1**、**2**的食材，小火煮3～4小时。其间水量若减少可补足，要始终保持豆子浸泡在水中的状态。

4 大豆煮软后，分3次加入酱油、砂糖，煮至汁水收干。

保存期限　可在冰箱中冷藏5天

芥菜的辛辣口味和脆爽口感是重点

芥菜鲑鱼碎

材料（容易做的分量）

鲑鱼…1块

腌芥菜…50 g

鸡蛋…2个

盐…少许

芝麻油…1大勺

A 清酒、酱油、味淋…各1大勺
辣椒粉…少许

炒白芝麻…2大勺

做法

1 鲑鱼去除骨头和皮，切碎，撒少许盐。腌芥菜挤干汁水后切碎。

2 平底锅中倒入芝麻油加热，放入**1**的食材翻炒。炒至鲑鱼完全熟透且呈团粒状后，加入**A**的所有材料调味。

3 倒入打散的鸡蛋，炒至鸡蛋也呈团粒状，最后加入炒白芝麻。

保存期限　可在冰箱中冷藏3天

美味满点的帆立贝让豆渣的口感焕然一新

梅干帆立贝拌豆渣

材料（容易做的分量）

豆渣…100 g

香菇…4个

胡萝卜…30 g

鸭儿芹…1/4把

梅干…2个

帆立贝贝柱（罐头）…1罐（70 g）

色拉油…50 mL

A 酱油、清酒、砂糖…各1大勺

水…1/2杯

做法

1 香菇去除根部后切成薄片。胡萝卜切成细丝。鸭儿芹切成1 cm长。梅干去核，用刀剁碎。

2 平底锅中倒入色拉油加热，放入胡萝卜、香菇翻炒。炒至变软后加入豆渣，一起翻拌均匀，再放入**A**的所有材料调味。

3 炒至豆渣上色后，加入1/2杯水和帆立贝贝柱、梅干，边翻拌边煮。

4 汁水几乎收干时加入鸭儿芹，翻拌均匀。

保存期限　可在冰箱中冷藏5天，冷冻3周

咖喱蛋黄酱拌鸡胸肉
甜醋渍鱿鱼
生姜煮鸡肝
魔芋炒肉末茄子

咖喱粉与蛋黄酱混合出美妙的滋味

咖喱蛋黄酱拌鸡胸肉

材料（容易做的分量）

鸡胸肉…3片

青椒…1个

红椒（完熟青椒）…1/4个

洋葱…1/4个

盐…适量

A 蛋黄酱…2大勺

酱油、咖喱粉、蜂蜜…各1小勺

做法

1 鸡胸肉去除筋膜，放入加了少许盐的沸水中，快速汆烫后马上关火。然后在水中静置5分钟，以余热煮熟鸡胸肉。捞出沥干水，用手撕成粗条。

2 青椒、红椒去蒂、去籽，和洋葱一起先对半纵切，再切成薄片（青椒、红椒切片后呈弧形条状），用盐揉搓，然后用水冲净，挤干水。

3 混合**A**的所有材料，再与**1**、**2**的食材一起拌匀。

保存期限 可在冰箱中冷藏3天

补充铁质最好的选择。
笠原流的做法是最后才放入生姜

生姜煮鸡肝

材料（容易做的分量）

鸡肝…200 g

生姜…20 g

A 清酒…150 mL

酱油…2大勺

砂糖…1大勺

做法

1 鸡肝切成方便食用的大小，去除血块，放入沸水中稍汆烫一下。用清水洗净杂质，沥干水。

2 锅中放入**A**的所有材料和**1**的鸡肝后开火，煮沸后撇去浮沫。放入切成细丝的生姜，煮至汁水收干。

保存期限 可在冰箱中冷藏5天

丰盈的口感与酸甜的酱汁是绝配

甜醋渍鱿鱼

材料（容易做的分量）

鲜鱿鱼…1只

洋葱…1/2个

盐…适量

A 水、醋…各1/2杯

砂糖…40 g

酱油…1大勺

鹰爪辣椒*…1个

*鹰爪辣椒（鷹の爪），指日本产的一种形如鹰爪的红辣椒。可用其他比较辛辣的红辣椒代替。

做法

1 洋葱先对半纵切，再切成薄片，用盐揉搓后用水冲净，挤干水。鹰爪辣椒切成短段。

2 鲜鱿鱼洗净，将鱿鱼须及其上端相连的头部、内脏等一起从筒形鱿鱼身中取出，再把透明软骨拔出。筒形鱿鱼身带皮切成圈状厚片。鱿鱼须切去其上端相连的头部、内脏等，取出中间的牙齿，清理干净吸盘，切成方便食用的大小。处理好的鱿鱼身和鱿鱼须在加了少许盐的沸水中稍微汆烫下，捞出沥干水。

3 混合**A**的所有材料，与**1**的洋葱及**2**的鱿鱼一起拌匀腌制。

保存期限 连腌汁一起保存，可在冰箱中冷藏3天

感受魔芋有趣的口感，分量满点的下饭菜

魔芋炒肉末茄子

材料（容易做的分量）

猪肉末…100 g

茄子…1个

魔芋…1片

芝麻油…1大勺

A 蛋黄…2个

味噌…100 g

砂糖…50 g

清酒…50 mL

山椒（见p.18）粉…少许

做法

1 **A**的所有材料混合拌匀。

2 茄子、魔芋切成边长1 cm的方块。魔芋放入沸水中煮约10分钟，捞起沥干水。

3 平底锅中倒入芝麻油加热，放入猪肉末和**2**的食材翻炒，猪肉末炒熟后加入已拌匀的**A**，转小火继续翻炒。炒至鸡蛋鼓胀起来后撒上山椒粉，关火。

保存期限 可在冰箱中冷藏3天

顶级享受的日式汤品

参考韩国的参鸡汤，用米增加黏稠感

鸡肉芜菁白汤

浓稠又不容易冷掉！
超级适合搭配便当的汤

材料（2餐的分量）

鸡腿肉100 g，芜菁1个，大米1大勺， A [水250 mL，清酒50 mL，海带（出汁用）30 g，盐1/2小勺，芝麻油1/2小勺]， 盐少许，碎黑胡椒粒少许

做法

1 鸡腿肉去除多余的脂肪和筋膜，切成一口大小，用沸水稍汆烫。芜菁切成月牙形的小块。大米洗干净，用笊篱捞出。

2 锅中放入**1**的食材和**A**的所有材料后开火，煮沸后转小火继续煮20分钟，撒盐调味。最后撒上碎黑胡椒粒。

配上暖和的汤，便当瞬间变身为大餐。
在保温杯等容器中装入做好的汤；
或者装入汤料，倒入热水马上就能得到一份速溶汤。
根据心情和情况来选择吧。

滑溜溜的金针菇，黏稠的蛋液，特别温和的暖汤

金针菇蛋花汤

材料（2餐的分量）

金针菇1/2袋， 鸡蛋1个，水溶太白粉*适量，A [鸡高汤$1\frac{1}{2}$杯，淡口酱油、味淋各1大勺]，碎黑胡椒粒少许

*水溶太白粉，指将太白粉溶化在等量的水中得到的太白粉汁。

※鸡高汤可自制，将稍汆烫过的鸡胸肉300 g和海带5 g、清酒150 mL、水1 L、盐1小勺一起放入锅中，中火煮沸后，转小火继续煮约20分钟，过滤煮好的汤汁。也可以购买市售的鸡高汤料块或浓缩汁等，按照说明快速地做好鸡高汤。

做法

1 金针菇切去根部，切成1 cm长。鸡蛋打散成蛋液。

2 锅中倒入**A**的所有材料和金针菇后开火，煮沸后加入水溶太白粉，稍勾芡使汤汁变稠，然后倒入蛋液，煮熟后撒上碎黑胡椒粒。

番茄的酸味会让人上瘾

番茄猪肉汤

材料（2餐的分量）

猪肉片50 g，番茄1个，大葱1/4根，出汁$1\frac{1}{2}$杯，A [味噌$1\frac{1}{2}$大勺，味淋 1小勺]

做法

1 番茄去蒂后切成大块。大葱斜切成薄片。

2 猪肉片放入沸水中稍汆烫。

3 锅中倒入出汁和**1**的食材后开火。煮一会儿后再加入**2**的猪肉片，稍微煮下，最后放入**A**的所有材料调味。

受到减肥人士喜爱的特制白味噌豆渣汤

白味噌豆渣汤

材料（2餐的分量）

白萝卜30 g，胡萝卜30 g，油豆腐皮1片，豆渣30 g，出汁$1\frac{1}{2}$杯，白味噌50 g，清酒1大勺，盐少许

做法

1 白萝卜、胡萝卜切成长3 cm的粗粗的长方条。油豆腐皮切成1 cm宽。

2 锅中放入出汁和1的食材后开火。煮至蔬菜变软后，加入豆渣、白味噌、清酒和盐调味。

蔬菜多多的美味日式浓汤

各种蔬菜的日式浓汤

材料（2餐的分量）

洋葱50 g，胡萝卜30 g，土豆50 g，香菇1个，卷心菜50 g，培根1片，色拉油1大勺，盐1/2小勺，**A** [出汁2杯，淡口酱油、清酒各1小勺]

做法

1 蔬菜全部以日式薄切的方式切成薄片。培根切成1 cm宽。

2 锅中倒入色拉油加热，放入1的食材，撒盐后快速翻炒。炒出香味后加入A的所有材料，转小火煮至蔬菜变软，关火后静置冷却。

3 变凉后倒入料理机中，搅打至呈浓汤状。依据个人喜好，食用前可再次加热。

存放在冰箱中很方便

倒入热水马上就能做好汤

让味道变得醇厚的天妇罗渣，是美味的关键

天妇罗渣速溶汤

材料（容易做的分量）

天妇罗渣（见p.33）60 g，海带（出汁用）3 g，鸭儿芹1/3把，七味唐辛子1/2小勺，**A** [酱油1杯，味淋1/2杯，砂糖20 g]，热水1/2杯

做法

1 锅中放入**A**的所有材料和天妇罗渣的1/2量，再放入海带后开火。煮沸后转小火继续煮5分钟，关火后静置冷却。

2 鸭儿芹切成短段，放入**1**的锅中，再放入天妇罗渣的剩余1/2量和七味唐辛子，一起拌匀即成汤料。

3 在容器中盛入1大勺**2**的汤料，倒入1/2杯的热水。

保存期限
可在冰箱中冷藏7天

冲绳的家常酱汤，加入薯蓣海带来提升口味

鲣鱼味噌速溶汤

材料（容易做的分量）

薯蓣海带*5 g，鲣鱼干薄片10 g，万能葱（见p.15）葱花3大勺，味噌150 g，清酒1大勺，热水1/2杯

*薯蓣海带（とろろ昆布，とろろこぶ），指日本一种干丝状的海带加工品，一般是将海带放在醋中浸泡变软，再削成细丝。因其用水泡发的样子像薯蓣泥而得名。

保存期限
可在冰箱中冷藏7天

做法

1 薯蓣海带用手撕散，和其他材料一起拌匀即成汤料。

2在容器中盛入1大勺**1**的汤料，倒入1/2杯热水。

味道绝不输给餐店的人气汤品

裙带菜速溶汤

保存期限
可在冰箱中冷藏7天

材料（容易做的分量）

盐渍裙带菜（泡发）100 g，樱花虾10 g，碎黑胡椒粒1小勺，海带茶*1大勺，芝麻油3大勺，酱油2大勺，炒白芝麻1大勺，热水1/2杯

*海带茶（昆布茶，こぶ茶），指以碎的干海带混合盐、糖等调味料制成的一种食品，可用热水冲泡作为饮料饮用，也常被用作烹饪时的调味料。

做法

1盐渍裙带菜洗净，切碎。

2 所有的材料一起拌匀即成汤料。

3在容器中盛入1大勺**2**的汤料，倒入1/2杯热水。

日式便当专栏 2

让便当盒携带方便的包裹创意

很多人对于便当盒的选择会非常的讲究，但是对于便当盒如何包裹却没那么在意，我如果要做便当，一定会连使用什么材料包裹便当盒也一并考虑清楚。

会首先考虑使用的，应该就是经典的“风吕敷”（日式包袱布）了。既然难得做了日式便当，那么选择日式风格的包裹材料会更合适。近来风吕敷的花纹设计也非常丰富多样，可在各种花纹中寻找自己喜欢的来尝试。摊开或折叠都可以，存放特别方便。合适的布餐垫也可以用作风吕敷。总之，请一定要尝试风吕敷，特别是在需要加油打气的场合，因为女性拿着风吕敷包裹的便当时，姿态显得非常优雅，对我来说只要看到那个画面，就一下子更有干劲了。

如果是在一般场合使用的便当，则比较推荐手巾，会给人一种风雅别致的感觉。手巾宽幅比较小，可能无法把便当盒全部包起来，可结合便当盒绑带一起来包裹便当盒。

包裹好的便当盒要放在什么里面呢？名牌包袋吗？开个玩笑而已，其实只要随意装在自己喜欢的纸袋里面就好了。如果是特意为他人做的便当，就不用纸袋直接交到对方手中就好了。纸袋用完后折叠起来存放好，下次可以重复利用。传统老铺的包装纸袋大多设计得很精致，可以留下来装便当盒用。

希望这三种包裹创意，能让你们的便当变得更有趣。收集一些可爱的包裹材料，让便当制作变得更有乐趣吧！

全球闻名的风吕敷，颜色和花纹非常丰富

日式风格及北欧风格花纹的手巾

为了保护环境而重复使用的纸袋，也很不错

第3章 四季的游玩便当

参加季节性的户外聚会时，
如果带着看起来美美的便当，受欢迎度会一下子涨上去吧。
要是有人带来那样的便当，反正我是绝对会很开心的。
这部分就教大家做季节感十足的游玩便当。
虽然看起来菜品多而费功夫，
但其实每道菜的制作却并没有那么难。
当然，只制作一道菜也是可以的。
春、夏、秋、冬的各种户外聚会就不用说了，
在室内的自带料理派对上，这些便当也一样会大放光彩。

春

赏花便当

赏花的时候，
使用樱花花瓣或樱花虾等粉色的食材，
我觉得会很不错。
就算还没到最佳赏花时节，
这款便当也能营造出浓浓的赏花气氛。

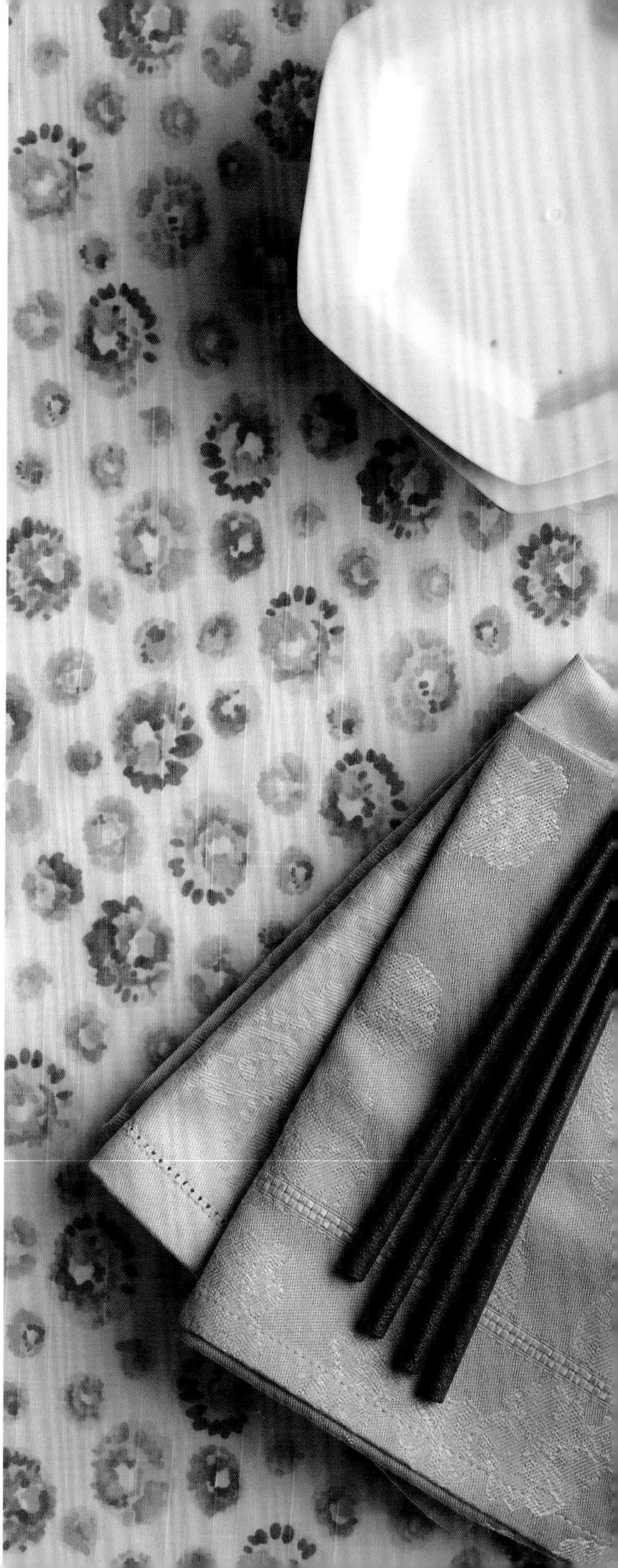

赏花的事情

我记得在高中毕业大约1年后，和同级的同学一起去赏花。大家说要带着便当去，当时正在修习料理的我干劲十足地做了樱叶饭团。有个女孩子带了双层的漆艺便当盒，非常期待里面到底装了什么的我接过便当，首先看到的是一大团酱汁炒荞麦面。心里怀着「第二层会有什么呢」的期待，打开却全是某食品公司的点心！某种意义上来说，的确是相当「新式」的便当！这真是吓了我一跳。但有人评价我的便当说：「你这，不就是小菜而已嘛！」

那天的切身感受让我意识到，便当果然会因成长环境（与是不是有钱人并没有关系）不同，而有完全不一样的呈现啊！

樱花虾带来了春天的色彩和酥脆的口感。春季便当的终极版

竹笋樱花虾焖饭

前一天 到放入电饭锅之前，设置成当天煮好

冷冻保存 除山椒嫩芽、盐渍樱花外的食材冷冻保存

材料（4人份）

大米…2杯（360 mL）
水煮竹笋…100 g
油豆腐皮…1/2片
樱花虾…10 g
海带（出汁用）…3 g（边长约5 cm的方片）
A | 水… $1\frac{1}{2}$杯
  | 淡口酱油、清酒…各30 mL
盐渍樱花（若无可不用）…适量
B | 出汁…$1\frac{1}{2}$杯
  | 酱油、味淋、清酒…各1大勺
山椒（见p.18）嫩芽…少许

做法

1 大米洗干净，在水中浸泡30分钟，用笊篱捞出。

2 混合**A**的所有材料，放入海带，静置备用。盐渍樱花浸泡在水中至泡开。

3 锅中放入水煮竹笋、**B**的所有材料后开火，煮约20分钟使竹笋入味。竹笋变凉后切成一口大小。油豆腐皮切碎。

4 电饭锅中放入**1**的大米、**2**的**A**（取出海带），混合均匀。再放入樱花虾、**3**的食材，选择“煮饭”功能。

5 米饭煮好后，撒上山椒嫩芽、盐渍樱花。

松脆的面衣中，是滑弹爽口的帆立贝贝柱，多么绝妙的口感对比

膨化米粒裹炸帆立贝

前一天

材料（4人份）

帆立贝贝柱（生食用）…4个
蛋清…1个鸡蛋的分量
面粉…适量
膨化米粒…50 g
炸物专用油…适量

※剩下的蛋黄，可以用在玉子烧和炒蛋中。

做法

1 帆立贝贝柱用水洗净，沥干水后切成一口大小。蛋清打散。

2 帆立贝贝柱薄薄蘸上一层面粉，然后按照蛋清、膨化米粒的顺序裹好面衣。

3 **2**的帆立贝贝柱放入170 ℃的炸物专用油中，炸2～3分钟。

只在春天才能吃到的微苦的玉子烧。玉子烧表面透出绿色，很赏心悦目

油菜薹玉子烧

前一天 到焯油菜薹之前

材料（4人份）

鸡蛋…3个
油菜薹…1/3把
盐…少许
C | 出汁…3大勺
  | 砂糖…1大勺
  | 淡口酱油…1小勺
色拉油…适量

做法

1 油菜薹放入加了少许盐的热水中焯一下。变凉后挤干水，切碎。

2 鸡蛋在大碗中打散，加入**C**的所有材料、**1**的油菜薹，一起拌匀。

3 玉子烧专用锅中倒入色拉油加热，**2**的蛋液分3次倒入锅中，每次待蛋液表面还未完全凝固时，就把它从锅一端向前一点点折叠卷起，然后再倒入蛋液，以同样方法再次卷起，做成玉子烧。

皮很薄的当季土豆，可以带着皮一起煮。土豆圆滚滚的外形，也是视觉重点

芝麻拌土豆

前一天　到拌匀之前

材料（4人份）

当季土豆（或比较小的土豆）…6个

盐…少许

D　炒白芝麻（略磨碎）…$1\frac{1}{2}$大勺

酱油…1大勺

砂糖…1/2小勺

芝麻油…1小勺

做法

1 当季土豆洗净，带皮放入加了少许盐的冷水中煮。煮至变软后用笊篱捞起，静置冷却。

2 D的所有材料混合拌匀。

3 1的土豆若比较大，可以切成一口大小，与已拌匀的B再一起拌匀。

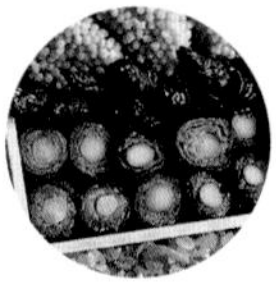

牛肉与芦笋的常规组合，以山椒粉带来清爽的辛辣味

牛肉芦笋八幡卷

前一天

材料（1人份）

牛肉薄片…150 g

芦笋…4根

盐…少许

太白粉…适量

色拉油…1大勺

E　清酒、酱油、味淋…各2大勺

砂糖…1小勺

山椒（见p.18）粉…少许

做法

1 芦笋削去根部的皮，放入加了少许盐的沸水中，稍微焯一下至仍保持形状的状态。

2 芦笋擦干水，撒上太白粉，用牛肉薄片将其卷起，表面也撒上太白粉。

3 平底锅中倒入色拉油加热，放入2的牛肉卷，一边翻转一边用中火煎。

4 煎至牛肉卷表面整体呈现均匀的焦黄色后，加入E的所有材料，煮至酱汁浓稠。最后撒上山椒粉。

夏

搭配啤酒的烟花便当

夏日坐在河边观赏烟花，
一手拿着啤酒，
一手拈起便当里的食物吃着。
当身处这种激动人心的场景中时，
最需要的，
当然是以手抓着吃的食物为主的便当。

夏天的集会

在日本提到夏天，就会想到烟花吧。然后脑中就会浮现出在屋顶或阳台，又或者在河边，一边观赏烟花一边吃便当的场景。但因为总是很忙并没有机会实现，所以就把这些幻想都寄托在这个便当中了。

夏天，一定是离不开啤酒的，作为啤酒党的我，觉得没有比在户外喝啤酒更惬意的事情了。所以在料理方面，我也觉得「都是些小菜」这样的形式会更有趣。当然，也别忘记 BBQ（烧烤）中经常见到的夏季蔬菜。

然后，建议一定要准备好西瓜。另外，番茄或黄瓜最好放入盛着冰水的盆中，啤酒也要冻得冰冰的才好。再点上蚊香，就更有夏季风情了。

今年的夏天，一定要……

梅干的酸味和青紫苏清爽的香气，是最适合夏天的

梅干紫苏杂鱼什锦饭

冷冻保存

材料（4人份）

温热的米饭…600 g

梅干…2个

青紫苏…5片

缩缅杂鱼*…30 g

炒白芝麻（略磨碎）…1大勺

*缩缅杂鱼（ちりめんじゃこ），多是将鳀鱼、沙丁鱼等的幼鱼加盐汆烫，再于日光下晒干而得到，水分含量多为35%～50%。

做法

1 梅干去核后剁碎。青紫苏切成细丝，用水稍洗下后沥干水。

2 大碗中放入所有材料，一起拌匀，捏成一口大小的短粗圆柱形的饭团。

涂上味噌再烤，会更香。
能品尝到 BBQ 的风味

田乐玉米

前一天

材料（4人份）

玉米…2根

盐…少许

A 味噌…50 g
砂糖…1大勺
蛋黄…1个

※剩下的蛋清可以在制作面衣时使用，或者加入玉子烧的蛋液里使用。

做法

1 玉米带外皮整个放入加了少许盐的沸水中，煮熟后用笊篱捞起。**A**的所有材料混合拌匀。

2 玉米变凉后剥去外皮，切成方便食用的大小，涂上已拌匀的**A**。

3 **2**的玉米放入烤箱中，烤至呈焦黄色即可。

作为小食的春卷，不起眼却十分美味。
因为味道十足，不用蘸佐料直接吃就很好

鳗鱼春卷

前一天

材料（8个的分量）

春卷皮…2片

蒲烧鳗鱼…1片

碎黑胡椒粒…少许

太白粉…少许

水溶太白粉（见p.64）…少许

炸物专用油…适量

酢橘**…适量

**酢橘（*Citrus sudachi*），是香橙的近缘种，个头较小。若无可用青柠代替。

做法

1 蒲烧鳗鱼切成1 cm宽，撒上碎黑胡椒粒，撒上太白粉。

2 每片春卷皮均切成4小片，把**1**的蒲烧鳗鱼放在小片春卷皮靠近自己这端上，向前滚着卷起春卷皮，末端涂上水溶太白粉封口。

3 **2**的春卷放入170 ℃的炸物专用油中，炸3～4分钟。最后再配上切成月牙形小块的酢橘。

热乎乎的南瓜，与咖喱风味是绝配。
辛辣芳香，刺激食欲

咖喱煮南瓜

前一天

材料（4人份）

南瓜…1/2个

B | 出汁…2杯
酱油、味淋…各40 mL
咖喱粉…1大勺

黄油…10 g

做法

1 南瓜去蒂、去籽，切成方便食用的大小。

2 1的南瓜外皮面向下放入平底锅中，加入B的所有材料，用锡纸折成盖子盖住平底锅，开中火煮。

3 南瓜变软后转大火，放入黄油，继续煮至所有食材与黄油混合均匀。

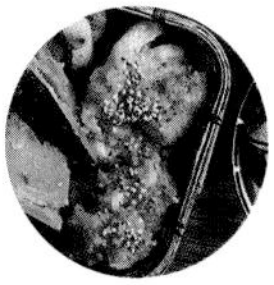

绝对不会出错的新式招牌鸡肉料理。
重点是蔬菜风味的酱汁

鸡腿肉南蛮烧

前一天

材料（4人份）

鸡腿肉…1块（250 g）

洋葱…1/2个

大蒜…1瓣

白萝卜…100 g

C | 清酒、酱油、味淋…各2大勺
醋…1大勺

面粉…适量

色拉油…1大勺

炒白芝麻…适量

辣椒粉…少许

做法

1 洋葱切碎。大蒜和白萝卜磨成泥。C的所有材料混合拌匀。

2 鸡腿肉去除多余的脂肪和筋膜，切成一口大小，涂上面粉。

3 平底锅中倒入色拉油加热，2的鸡腿肉外皮面向下放入锅中，煎至呈焦黄色后翻面继续煎，煎好后盛出。

4 1的所有材料放入3的平底锅中，炒约5分钟，再将3的鸡腿肉放回锅中，一起煮至酱汁浓稠。撒上炒白芝麻、辣椒粉。

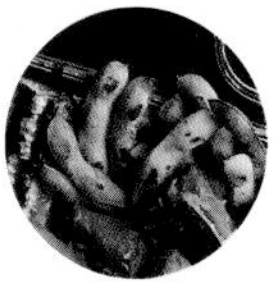

不用水煮而用干烧的方式，浓缩毛豆的美味

干烧毛豆

前一天

材料（4人份）

毛豆（带豆荚）…1袋

盐…适量

做法

1 毛豆（带豆荚）用盐揉搓，以去掉表面的细毛，用水洗净后沥干水。

2 平底锅中不放油，直接放入1的毛豆，干烧至熟透，最后撒上盐。

秋 红叶便当

用丰富的当季食材制作便当，
迎接美丽的秋天。
使用胡萝卜和柿子等红色的食材，
烘托赏红叶的气氛。
即使不在现场，
也能经由这份便当领略红叶的风情。

什么样的秋天？

食欲之秋，读书之秋，运动之秋……秋天有着各种各样的活动，我也会想象着自己身处各种场景的情形。

日式料理中有「红叶烧」和「拌红叶」等，名字中的「红叶」，其实是指颜色如红叶般的各种食材。准备好以季节感为重点的配菜，打造出有着秋天的味道的便当，带上它前往附近的公园吧！还要提醒大家的是，一定要用跑步的方式前往公园。这样做完运动后肚子刚好饿了，正好一边欣赏红叶一边吃便当。还可以带上一本书。听起来很棒吧，是不是很想享受一次这样的秋天？

其实，在气候舒适的秋天，就算不看红叶不做运动，只是带着便当坐在公园里，也是十分开心的。

食欲旺盛的秋天，量足是最重要的。用肉片包裹着吃，口感和味道都得到了提升

香菇米饭肉卷

前一天 设置成当天煮好　冷冻保存 到卷肉之前

材料（4人份）

大米…2杯（360 mL）
蟹味菇…1盒
香菇…4个
猪五花肉薄片…150 g
海带（出汁用）…3 g（边长约5 cm的方片）
A | 水…$1\frac{1}{2}$杯
　| 淡口酱油、清酒…各30 mL
盐…少许
芝麻油…适量

做法

1 大米洗净，在水中浸泡30分钟，用笊篱捞出。混合**A**的所有材料，放入海带，静置备用。

2 蟹味菇去除根部，用手拆散。香菇去除根部，切成薄片。

3 电饭锅中放入**1**的大米和**A**（取出海带），再放入**2**的食材，选择“煮饭”功能。

4 煮好的米饭紧实地捏成一口大小的短粗圆柱形的饭团，用猪五花肉薄片卷起，撒上盐。

5 平底锅中倒入芝麻油加热，放入**4**的米饭肉卷，不断翻滚地煎至表面整体稍呈焦黄色。

用芝麻蛋黄酱拌热乎乎、软绵绵的红薯和汁水甘甜的柿子，有着调整口味的作用

红薯柿子沙拉

前一天 到拌匀之前

材料（4人份）

红薯…1个
柿子…1个
万能葱（见p.15）…适量
盐…少许
B | 蛋黄酱…2大勺
　| 炒白芝麻（略磨碎）…1大勺
　| 酱油…1大勺
　| 碎黑胡椒粒…少许

做法

1 红薯带皮切成一口大小，放入加了少许盐的冷水中煮。变软后用笊篱捞出，沥干水。

2 柿子切成一口大小，万能葱切成葱花。

3 **B**的所有材料混合拌匀，再与**1**的红薯、**2**的柿子一起拌匀，最后撒上万能葱。

磨成泥的胡萝卜，有着红叶般的色彩。独特的香味也能烘托气氛，让便当展现出秋天的气质

鱿鱼茄子红叶烧

前一天 到处理鱿鱼之前

材料（4人份）

鲜鱿鱼…1只
茄子…2个
胡萝卜…50 g
C | 清酒…2大勺
　| 酱油…2大勺
　| 味淋…2大勺
色拉油…2大勺
辣椒粉…少许

做法

1 鲜鱿鱼洗净，将鱿鱼须及其上端相连的头部、内脏等一起从筒形鱿鱼身中取出，再把透明软骨拔出。筒形鱿鱼身剥去皮，在表面斜切几刀，再切成一口大小。鱿鱼须切去其上端相连的头部、内脏等，取出中间的牙齿，清理干净吸盘，切成方便食用的大小。

2 茄子切成滚刀块，胡萝卜磨成泥。**C**的所有材料混合拌匀。

3 平底锅中倒入色拉油加热，放入**1**的鲜鱿鱼、**2**的茄子翻炒，熟后加入胡萝卜泥一起翻炒至散发出香味。

4 加入已拌匀的**C**，翻炒混匀使入味，最后撒上辣椒粉。

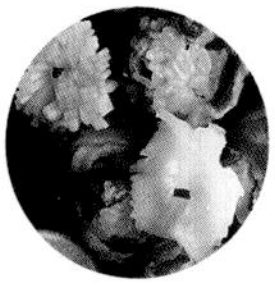

拥有视觉上的美感，这种清爽的小菜让人一看就开心

甜醋渍菊花芜菁

前一天

材料（4人份）

芜菁…4个

盐…少许

D | 水、醋…各1杯
  | 砂糖…80g

鹰爪辣椒（见p.63）…1个

日本柚子*皮…少许

*日本柚子（ゆず），即香橙（*Citrus junos*），并非常说的大柚子。它常被用来制作蜂蜜柚子茶、柚子胡椒等。

做法

1 芜菁参照p.89的方法做成菊花芜菁，撒盐备用。鹰爪辣椒切成短段。

2 大碗中放入**D**的所有材料，搅拌均匀至砂糖溶化。放入**1**的菊花芜菁，稍稍揉拌，然后放入鹰爪辣椒、日本柚子皮，腌制3小时至一夜。

放入板栗，就一下子有了秋天的味道。鸡肉丸子和板栗大小一致，看起来更赏心悦目

鸡肉丸子板栗甘煮

前一天

材料（4人份）

鸡肉末…300g

板栗…8个

菜豆…8根

洋葱…300g

盐…少许

E | 鸡蛋…1/2个
  | 酱油、淀粉、砂糖…各1大勺

色拉油…1大勺

F | 酱油、清酒、味淋、水…各2大勺
  | 砂糖…1小勺

做法

1 板栗剥去硬壳，放入加了少许盐的沸水中煮，煮好且变凉后剥内皮。菜豆按长度等分切成两段。

2 洋葱磨成泥，充分挤干水。

3 大碗中放入鸡肉末、**2**的洋葱、**E**的所有材料，混合揉拌至有黏性。

4 平底锅中倒入色拉油加热，**3**的食材挤捏成数个丸子，放入锅中每面煎3分钟。

5 丸子煎好后，加入**1**的食材一起翻炒，再加入**F**的所有材料，煮至酱汁浓稠。

冬

聚会便当

冬天里，
人们总是会找机会聚在一起。
这里介绍的这款有时尚感的便当，
就很适合客人自带料理的派对。
食材要比日常的便当稍豪华些，
这是关键点之一。

关于聚会的事情

年末或年初的时候，会经常与亲朋好友聚在一起。简直是每天都在和人一起喝酒，当然丝毫也不会厌烦。也有的人不管多么忙，都要挤出时间赶来聚会……这种时候，我的料理人之魂就熊熊燃烧起来。

我大致介绍一些准备聚会料理时需要留心的事情吧。首先，使用能让大家兴致高昂的食材，比较推荐螃蟹、虾等色彩漂亮、能让料理整体有华丽感的食材。另外，也要讲究烹饪方法。看起来很花费功夫的蒸物、炸物，会让人非常开心。不管怎么说，穿在扦子上、卷成卷儿等花费功夫让食用更方便的那份心意，是最重要的。花费功夫让大家品尝到美味，这也是聚会的必要条件。

白酱油淡淡的甜味与香气，让蟹肉饭的风味更具豪华感

蟹肉饭

前一天 到放入电饭锅之前，并设置成当天煮好　冷冻保存 除鸭儿芹外

材料（4人份）

大米…2杯（360 mL）
剥好的蟹肉…100 g
鸭儿芹…5根
海带（出汁用）…3 g（边长约5 cm的方片）
A 水…320 mL
　白酱油、清酒…各20 mL

做法

1 大米洗净，在水中浸泡约30分钟，用笊篱捞出。混合**A**的所有材料，放入海带，静置备用。

2 剥好的蟹肉拆散。鸭儿芹切成3 cm长。

3 电饭锅中放入**1**的大米和**A**（海带取出），选择“煮饭”功能。煮好后加入**2**的蟹肉焖一会儿。最后撒上鸭儿芹。

口感独特的百合，很适合在冬天享用。酸味的梅干肉调味汁，打造出上乘口感

梅干拌百合

前一天 到拌匀之前

材料（4人份）

百合…1个
盐…少许
B 梅干肉（见p.19）…1大勺
　味淋…1大勺

做法

1 百合切去底部，再一片片掰下来。脏或坏处用刀削去，较大的百合片切成2～3小片。

2 **1**的百合放入加了少许盐的沸水中稍焯一下，用笊篱捞起后放凉。

3 混合**B**的所有材料，与**2**的百合一起拌匀。

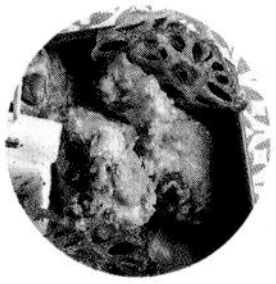

用苹果泥煮的鸡肉异常柔嫩，香味也超棒

苹果煮鸡肉

前一天

材料（4人份）

鸡翅根…8只
苹果…1个
C 清酒…3大勺
　酱油…2大勺
　蒜泥…1/2小勺
盐…适量
碎黑胡椒粒…少许

做法

1 苹果带皮磨成泥，与**C**的所有材料一起混合拌匀。

2 鸡翅根撒上少许盐，直接放入不放油的平底锅中，煎至表面呈焦黄色。

3 加入**1**的苹果泥酱汁，用锡纸折成盖子盖住平底锅，转小火继续煮约30分钟。

4 用盐、碎黑胡椒粒调味。

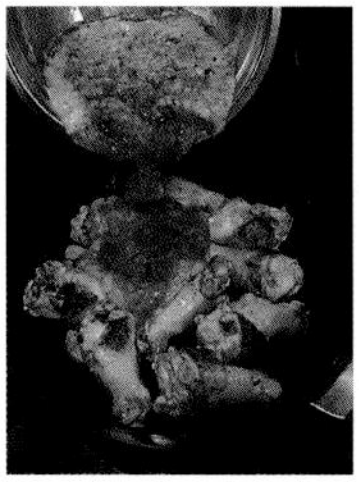

煎至表面呈焦黄色时，放入混合了调味料的苹果泥酱汁。

富含脂肪的鲕鱼，与大葱非常相衬。以黑胡椒味和甜咸味两种不同风味来呈现

煎鲕鱼大葱串

前一天

材料（4人份）

鲕鱼…2块
大葱…2根
D　清酒、味淋…各50 mL
　　酱油…20 mL
盐…少许
碎黑胡椒粒…少许
色拉油…1大勺
日本柚子（见p.79）皮…少许

做法

1 鲕鱼去除骨头和皮，切成一口大小。大葱切成3 cm长。D的所有材料混合拌匀。

2 1的大葱和鲕鱼交错穿在竹扦子上。

3 一半的鲕鱼大葱串撒上盐、碎黑胡椒粒。平底锅中倒入1/2大勺色拉油加热，放入撒好调料的鲕鱼大葱串，煎至两面均呈焦黄色，撒上日本柚子皮。

4 平底锅中倒入1/2大勺色拉油加热，放入剩下的另一半鲕鱼大葱串，煎至两面均呈焦黄色，加入已拌匀的D，煮至酱汁浓稠。

红薯和牛蒡的美味秘诀是煮至入味后再炸，而爽脆的莲藕也让人回味不已

炸红薯牛蒡和脆藕片

前一天

材料（4人份）

红薯…4个
牛蒡…1根
莲藕…1节
E　出汁…1$\frac{1}{2}$杯
　　酱油、味淋…各30 mL
　　砂糖…2小勺
炸物专用油…适量
盐…少许
太白粉…适量

做法

1 红薯切成一口大小，牛蒡削去外皮后切成滚刀块，一起放入冷水中煮约5分钟。

2 锅中放入E的所有材料，再放入已沥干水的1的红薯和牛蒡，煮至变软后关火，然后保持浸泡在煮汁中的状态直至变凉。

3 莲藕切成圆薄片，快速过水洗净后沥干水。放入160 ℃的炸物专用油中，慢慢炸至酥脆，捞出撒上盐。

4 2的红薯和牛蒡沥干水，涂上太白粉，放入170 ℃的炸物专用油中，炸至酥脆。

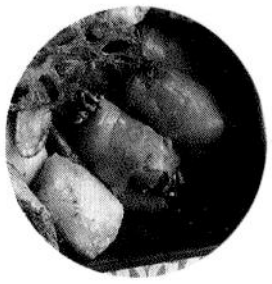

茼蒿的调味是关键。
用鲑鱼片卷起来，呈现华丽的效果

茼蒿烟熏鲑鱼卷

前一天　到卷起来之前

材料（4人份）

烟熏鲑鱼片…100 g
茼蒿…1把
盐…少许
F　炒白芝麻…1大勺
　　芝麻油、味淋…各1小勺

做法

1 茼蒿叶子摘下备用（茎部可用来做味噌汤等），放入加了少许盐的沸水中稍微焯一下，捞起后充分挤干水。

2 混合F的所有材料，再与1的茼蒿一起拌匀。

3 用烟熏鲑鱼片把2的茼蒿卷起来。

特别篇

笠原流松花堂便当

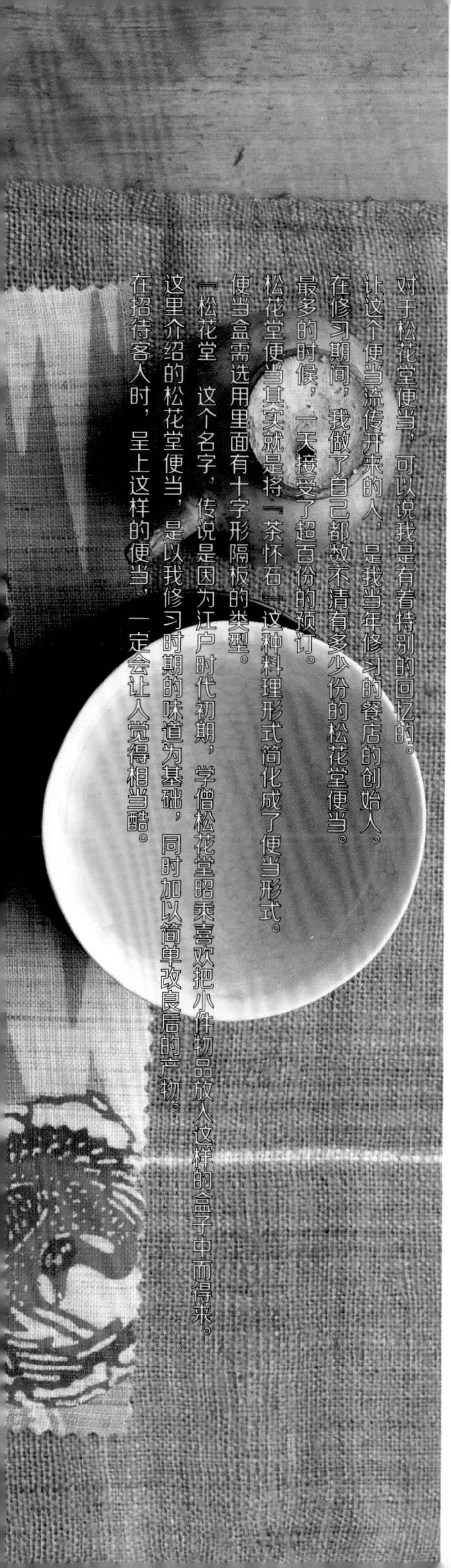

对于松花堂便当，可以说我是有着特别的回忆的。
让这个便当流传开来的人，是我当年修习的餐店的创始人。
在修习期间，我做了自己都数不清有多少份的松花堂便当。
最多的时候，一天接受了超百份的预订。
松花堂便当其实就是将「茶怀石」这种料理形式简化成了便当形式。
便当盒需选用里面有十字形隔板的类型。
『松花堂』这个名字，传说是因为江户时代初期，学僧松花堂昭乘喜欢把小件物品放入这样的盒子中而得来。
这里介绍的松花堂便当，是以我修习时期的味道为基础，同时加以简单改良后的产物。
在招待客人时，呈上这样的便当，一定会让人觉得相当酷。

食材本身当然是最重要的，但摆盘及配菜样式也需尽量美丽诱人

刺身

材料（4人份）

鲷鱼、金枪鱼、乌贼等的刺身…适量
配菜（白萝卜丝、胡萝卜螺旋条）…适量
烤海苔（稍微涂些酒）…少许
山葵…适量

做法

刺身摆放好，再放上配菜、烤海苔和山葵（磨成泥）。

什锦饭铺在海苔上，卷起来！
不需要寿司卷帘，也能轻松卷起

柴渍茄子海苔卷

材料（4人份）

温热的米饭…300 g
柴渍（见p.15）茄子…30 g
烤海苔…1片

做法

1 柴渍茄子切成碎粒。

2 温热的米饭与**1**的柴渍茄子混合拌匀。

3 烤海苔切成两半，在案板上纵向铺平。烤海苔前端空出约2 cm宽的位置，其他部分铺上**2**的米饭，摊平后从后向前卷起来。以同样的方法再做一个。切成方便食用的大小。

烤海苔前端空出约2 cm宽的位置，其他部分全部铺上米饭。用把烤海苔也卷进去的方式来卷，就不需要寿司卷帘了。

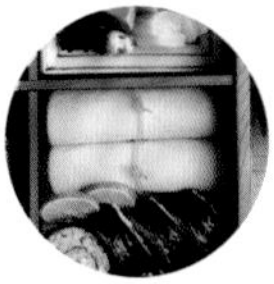

独特的风味和韧性，用千枚渍把醋饭包裹起来

千枚渍寿司

材料（4人份）

温热的米饭…300g
千枚渍*…8片
鸭儿芹…8根
盐…少许
A | 醋…$2\frac{1}{2}$大勺
　| 砂糖…1大勺
　| 盐…1/2小勺
炒白芝麻…1大勺

*千枚渍（千枚漬け），指把芜菁切成薄片，用海带、辣椒和醋腌制得到的渍物。

做法

1 鸭儿芹放入加了少许盐的沸水中稍微焯一下。

2 A的所有材料倒在温热的米饭上，用切拌的方式混合拌匀做成醋饭，再撒上炒白芝麻并拌匀。分成8等份，分别捏成短粗圆柱形的饭团。

3 在千枚渍上分别放上2的饭团，卷起来，用1的鸭儿芹扎紧（具体做法见本页图片）。

有着浓郁醇厚的甜味，不同寻常的玉子烧

黑糖玉子烧

材料（4人份）

鸡蛋…3个
出汁…50mL
黑糖…1大勺
酱油…1小勺
色拉油…适量

做法

1 大碗中打入鸡蛋，加入出汁、黑糖、酱油后拌匀。

2 玉子烧专用锅中倒入色拉油加热，将1的蛋液分3次倒入锅中，每次待蛋液表面还未完全凝固时，就把它从锅一端向前一点点折叠卷起，然后再倒入蛋液，以同样方法再次卷起，做成玉子烧。

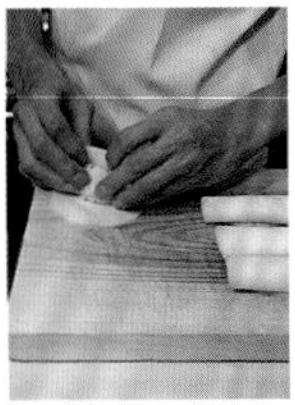

铺开千枚渍，放上短粗圆柱形的饭团，再卷起来。

用鸭儿芹绕两圈后打结。鸭儿芹多余的部分切去，可用来煮味噌汤。

茼蒿的苦味以滋味浓郁的汤汁来调味。以柠檬作为盛放器具，给人清爽的感觉

蟹味菇茼蒿螃蟹拌酱油

前一天　到与地肤子拌匀之前

材料（4人份）

蟹味菇…1盒
茼蒿…1把
剥好的蟹肉…50g
地肤子…2大勺
盐…少许
B | 出汁…$1\frac{1}{2}$杯
　| 淡口酱油、味淋…各30mL
柠檬杯（做法见p.89）…4个

做法

1 茼蒿叶子摘下备用（茎部可用来做味噌汤等）。放入加了少许盐的沸水中稍微焯一下，再浸泡于冰水中，捞出沥干水。

2 蟹味菇去除根部，用手拆散。锅中放入B的所有材料和蟹味菇，稍煮一下。

3 剥好的蟹肉和1的茼蒿放入2的锅中，静置使其入味。

4 加入地肤子拌匀，一起盛入柠檬杯中。

鸭胸肉的盐焖做法，诀窍就是煎过后在煮汁中利用余热熟透

盐焖鸭胸肉

前一天　冷冻保存

材料（4人份）

鸭胸肉…1块

大葱…1根

盐…少许

海带（出汁用）…3g（边长约5cm的方片）

C　水…3杯
　清酒…1/2杯
　盐…1大勺
　生姜泥…1小勺

做法

1 鸭胸肉去除多余的脂肪及表面的筋膜，在外皮面纵向划几刀，肉的那面用叉子扎几个小洞，然后两面撒盐。

2 1的鸭胸肉外皮面朝下放入平底锅中，中火慢煎。煎至呈焦黄色后翻面，肉的那面稍煎一下即可。

3 大葱斜切成短段，放入锅中，再加入C的所有材料和海带后开火。煮沸后放入2的鸭胸肉，中火煮1分钟后关火。鸭胸肉保持浸泡在煮汁中的状态直至变凉。

4 切成方便食用的大小。

肉的那面用叉子扎几个小洞，这样比较容易熟。

一边洒调味汁，一边慢慢烤，鱼身膨胀，鱼皮也会变得脆脆的

金目鲷若狭烧**

前一天

材料（4人份）

金目鲷…150g

D　海带出汁…90mL
　清酒…60mL
　淡口酱油…30mL

做法

1 锅中倒入D的所有材料后开火，煮沸后关火放凉，放入金目鲷浸泡30分钟。

2 烤网先加热好，放上1的金目鲷，先从外皮面开始烤，不断洒上1的调味汁（即用来浸泡金目鲷的汁），慢慢烤至两面均呈焦黄色。

**若狭烧（若狭焼き），指对于鱼鳞比较细小的鱼类，在其鱼鳞上洒上酒等调味汁后烤着吃的料理形式。

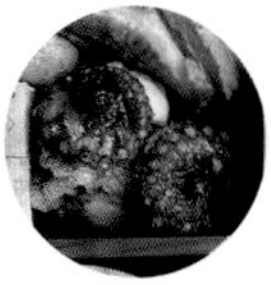

水溶太白粉与青紫苏混合而成的紫苏面糊，每次蘸时都要先搅拌

青紫苏炸章鱼

前一天

材料（4人份）

水煮章鱼…80g

青紫苏…5片

盐…少许

E　太白粉…5大勺
　水…3大勺

太白粉…适量

炸物专用油…适量

做法

1 水煮章鱼切成方便食用的大小，用盐调味。

2 青紫苏切碎，与E的所有材料混合拌匀，制成紫苏面糊。

3 1的水煮章鱼按照太白粉、2的紫苏面糊（因为容易凝结，所以每次蘸时都要先搅拌）的顺序蘸好面衣，放入170℃的炸物专用油中，炸至呈焦黄色。

※如果觉得水溶太白粉（E）操作比较困难，可用水溶面粉代替，不过口感会有少许变化。

蔬菜满满、刀工精致的手制鱼板。
帆立贝的美味是制胜关键

蔬菜鱼板

前一天　冷冻保存

材料（4人份）

帆立贝贝柱…200g
胡萝卜…30g
香菇…2个
芦笋…1根
F | 上新粉（即干磨粳米粉）…2大勺
　| 砂糖…2小勺
　| 盐…1/2小勺
　| 蛋清…1个鸡蛋的分量

做法

1 帆立贝贝柱用刀剁成泥，加入F的所有材料，搅拌至顺滑。

2 胡萝卜、香菇、芦笋均切碎，与1的食材混合拌匀。

3 耐热容器（也可用锡纸折成方形容器）里铺好保鲜膜，倒入2的食材，放入预热好的蒸笼中，中火蒸20分钟。

4 散热后从容器中取出，切成方便食用的大小。

※可在冰箱中冷藏3～4天。

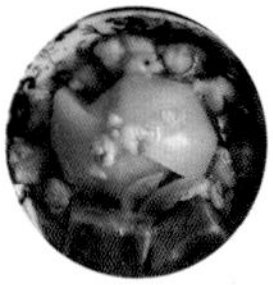

芜菁与虾仁丁芡汁完美搭配，浇上满满的芡汁来吃吧

芜菁虾仁丁

前一天　到煮芜菁之前

材料（4人份）

芜菁…4个
鲜虾…4只
G | 出汁…3杯
　| 淡口酱油、味淋…各30mL
水溶太白粉（见p.64）…少许

做法

1 芜菁厚厚地削去外皮，纵切成两半。与G的所有材料一起放入锅中，盖上盖子，中火煮至变软。

2 鲜虾去尾去外壳，背部用刀划开去除肠线，切成丁。

3 另一个锅中倒入1的煮汁的1/2量后开火，煮沸后加入水溶太白粉勾芡，再放入2的虾仁丁稍煮一下。

4 1的芜菁盛入容器中，再浇上3的虾仁丁芡汁。

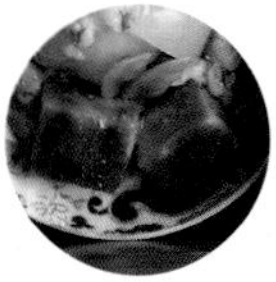

面筋有着独特的糯弹口感，用浓郁的甜咸味调味汁煮

蒲烧面筋

前一天

材料（4人份）

面筋…100g
H | 清酒、酱油、味淋、水…各2大勺
　| 砂糖…1大勺
色拉油…2大勺
太白粉…适量
山椒（见p.18）粉…适量

做法

1 面筋切成一口大小。H的所有材料混合拌匀。

2 平底锅中倒入色拉油加热，面筋涂上太白粉，放入锅中煎。

3 煎至两面呈焦黄色，用厨房用纸擦去余油，加入已拌匀的H，煮至酱汁浓稠。最后撒上山椒粉。

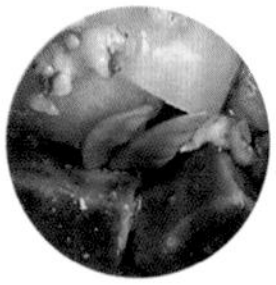

清淡的口味，鲜亮的色彩，起衬托作用的闪亮配角

酱油拌荷兰豆

材料（4人份）

荷兰豆…8根
盐…少许
I | 出汁…1/2杯
　| 淡口酱油、味淋…各10mL

做法

1 荷兰豆撕掉两侧的硬筋。I的所有材料混合拌匀。

2 荷兰豆放入加了少许盐的沸水中稍焯一下，捞出沥干水，浇上已拌匀的I。

饰切技法

便当中放入饰切食材，就能营造出华丽感，也显得内容更丰富。这里给大家介绍三种应用广泛且初学者易上手的饰切技法。

菊花芜菁

最适合搭配味道浓郁的菜肴

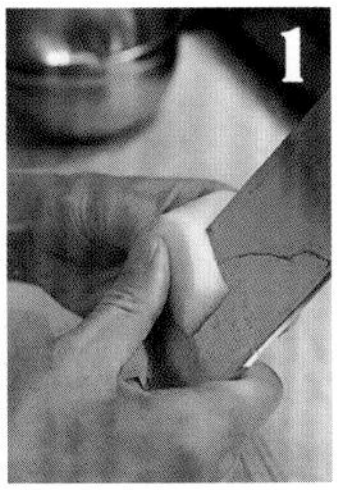

芜菁切去叶子，削去顶部和底部。然后从上向下厚厚地削去外皮。

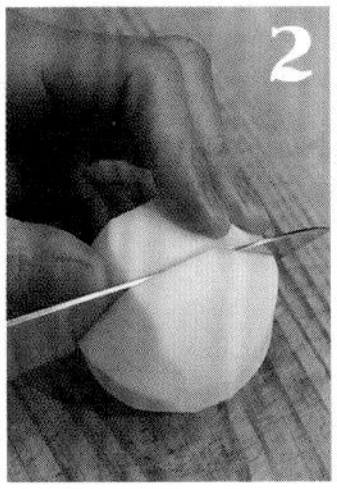

放在案板上，纵切成约1.5 cm厚的片。

较平整的那面朝上放置，切出1 mm间隔的格子状切口。切口到芜菁厚片约1/3的深度即可，一定不要切断。

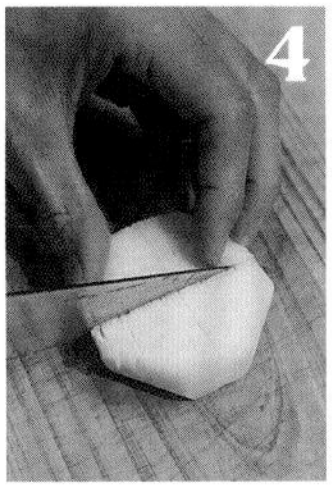

边缘切出1.5 cm长的切口。撒少许盐静置。

完成

柠檬杯

同样的方法，还可以用橘子和日本柚子来制作

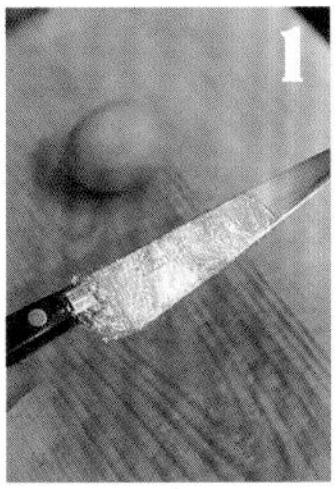

用保鲜膜包住刀片后端（因为要握住靠近刀刃的刀把前端，这样包起来避免受伤）。刀越小使用越方便。

为了作为盛放器具时可以立住，立端切去一些使表面成为平面。

为了让切口如同花瓣一样，用小刀均匀地以Z形绕着柠檬的“腰部（约一半高度的地方）”划一圈，然后将上下部分分开。

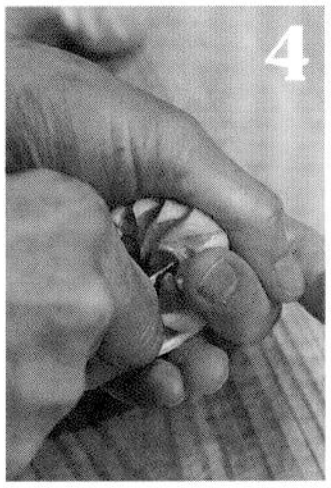

用小刀或勺子挖去果肉，就可以当作盛放器具了。挖出的果肉可以榨汁后用作凉拌调料。

右侧为完成品

左侧为挖出果肉前的状态。

※如果是春天，花瓣可切成5瓣，看起来就如同樱花一般。

松叶胡萝卜

寓意吉利，可以用作年菜的装饰

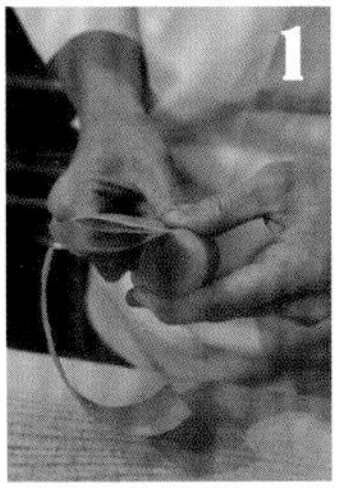

胡萝卜切成6 cm长，以日式桂削（桂剥き）的方式削出完整的皮，可稍微削厚一些。诀窍是，刀尽量紧贴胡萝卜的侧面，另一只手转动胡萝卜。

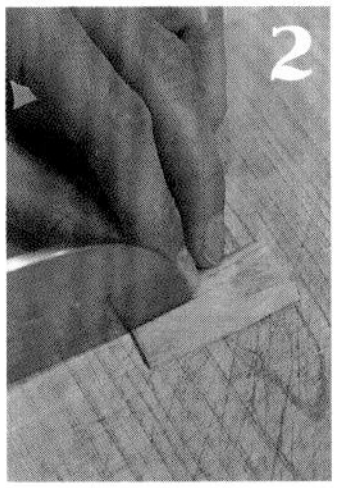

削出的皮切成3 cm × 1.5 cm的长方形，然后交错着从两头切出开口。

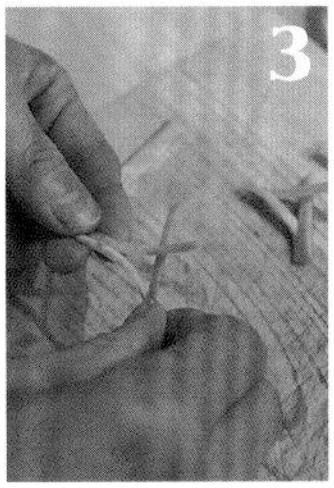

扯开两头的切口，将一边与另一边扭在一起。

完成

※也可以用同样的方法来处理日本柚子。日本柚子皮可以切成宽2 ~ 3 mm、长5mm的长方形。

聚会时很讨喜的

特别款待料理

从节庆便当料理，到想在特别的日子里或为特别的人做的便当料理，都收录在此。大部分可以作为年菜，是很容易学会的重要食谱。

集合了军舰卷和稻荷寿司的优点

军舰稻荷寿司

材料（容易做的分量）

温热的米饭…300 g

油豆腐皮…4片

A
- 水…2杯
- 酱油…3大勺
- 味淋…50 mL
- 砂糖…2大勺

B
- 醋…$2\frac{1}{2}$大勺
- 砂糖…1大勺
- 盐…1小勺

配材

盐渍鲑鱼子20 g，水煮鹌鹑蛋4个，蒲烧鳗鱼1/2片，黄瓜1根，剥好的蟹肉50 g，地肤子1大勺，泽庵腌萝卜（见p.13）30 g，青紫苏3片，炒白芝麻少许

做法

1 油豆腐皮用厨房用纸吸除余油，横切成两半，在油豆腐皮上面滚动筷子碾压几下，撑开即成口袋状。

2 **1**的油豆腐皮排放在平底锅中，加入**A**的所有材料后开火。用锡纸折成盖子盖住平底锅，煮约10分钟，关火后静置放凉。

3 大碗中放入温热的米饭，把**B**的所有材料倒在米饭上，用切拌的方式混合拌匀做成醋饭。

4 **2**的油豆腐皮沥干汁水，把**3**的醋饭塞入其中，再把油豆腐皮的开口边缘向内翻折。依据自己的喜好组合配材，放在醋饭上。

在庆贺宴席上很讨喜的上品口味

鲷鱼紫苏糯米饭

材料（容易做的分量）

糯米…360 mL

鲷鱼（块）…100 g

盐…少许

A
- 清酒…160 mL
- 盐…1小勺

紫苏拌饭料（见p.47）…1小勺

炒白芝麻…1大勺

青紫苏…3片

做法

1 糯米洗净，在水中浸泡3小时，用笊篱捞出。**A**的所有材料混合拌匀。

2 鲷鱼撒盐，放到事先加热好的烤网上，烤熟后去除骨头和皮，鱼肉拆散。

3 笊篱里铺上棉布，放上**1**的糯米，放入预热好的蒸笼中，蒸30分钟。取出糯米，与**2**的鲷鱼混合，再一点点把已拌匀的**A**倒在米饭上，一起混合拌匀，继续蒸10分钟。

4 **3**的糯米饭盛入容器中，撒上紫苏拌饭料、炒白芝麻和切成细丝的青紫苏。

放入半量生的鸡肉末，烤时就不会收缩，而会松软膨胀起来

鸡肉蘑菇松风*

材料（12cm×14cm的耐热模具1个）

鸡肉末…200g

蟹味菇…1盒

香菇…4个

洋葱…1/2个

色拉油…1大勺

盐…少许

芝麻**（炒熟捣碎）…适量

鸡蛋…1个

A | 太白粉…1大勺
| 酱油、味淋…各1大勺

*松风（まつかぜ），和果子的一种。

**日文原书此处为“罂粟籽”。

做法

1 蟹味菇、香菇去除根部，切碎。洋葱也同样切碎。

2 平底锅中倒入色拉油加热，放入1的食材和100g的鸡肉末，撒盐后翻炒，炒至鸡肉末变色且散开后关火，盛出放凉。

3 大碗中放入2的食材、剩下的鸡肉末和鸡蛋（蛋清可不放完），再放入A的所有材料，一起搅拌均匀。

4 耐热模具（也可用锡纸折成长方形容器）里铺好保鲜膜，倒入3的食材，放入预热好的蒸笼中，中火蒸20分钟。

5 放凉后从模具中取出，表面涂一层薄薄的蛋清，撒上芝麻，放入烤箱中，烤至表面呈焦黄色即可。

※冬天常温可保存3～4天。

最适合海带卷的当然就是金枪鱼

金枪鱼海带卷

材料（容易做的分量）

早煮海带（见p.61）…5片（10cm长）

干瓢*…适量

金枪鱼（块）…150g

A | 清酒…2大勺
| 醋…1大勺

B | 砂糖…2½大勺
| 酱油…2½大勺

山椒（见p.18）粒（绿）…1大勺

味淋…1大勺

水…1L

*干瓢（かんぴょう），指由葫芦科植物所结果实的白色果肉加工而成的薄长条形的干制食品。

做法

1 早煮海带和干瓢浸在1L的水中泡发。泡过的水静置备用。

2 金枪鱼切成适当的长度。

3 2的金枪鱼放在早煮海带上，早煮海带裹住金枪鱼卷成长卷，每个卷分别在两处用干瓢绕两圈后打结。

4 3的海带卷摆放在锅中，倒入1的泡过的水，加入A的所有材料后开火，煮至沸腾后撇去浮沫，用锡纸做成锅盖盖住锅，小火煮约1小时。

5 加入B的所有材料和山椒粒，继续小火煮30分钟，最后倒入味淋，中火煮至酱汁浓稠。食用前可按需要切成短卷。

※冬天常温可保存3～4天。

因模仿豆腐原本的形态而得名

拟造豆腐

材料（12 cm×14 cm的耐热模具1个）

木棉豆腐…1块（300 g）
香菇…2个
胡萝卜…30 g
万能葱（见p.15）…5根
鸡蛋…3个
色拉油…1大勺
A　砂糖…30 g
　　淡口酱油…25 mL

做法

1 香菇去除根部，切成薄片。胡萝卜切成细丝。万能葱切成葱花。

2 平底锅中倒入色拉油加热，放入**1**的食材，翻炒至所有食材都均匀混合色拉油。木棉豆腐用手掰碎放入锅中，转大火炒至水分蒸发。最后加入**A**的所有材料再炒一会儿。

3 关火后，一点点慢慢加入打散的鸡蛋，搅拌均匀。

4 **3**的食材倒入耐热模具中，放入预热至250 ℃的烤箱中，烤20分钟。变凉后切成小块。

※冬天常温可保存3～4天。

湿润柔软的千张是制胜的关键

千张山椒杂鱼

材料（容易做的分量）

缩缅杂鱼（见p.74）…250 g
千张（干）…80 g
水煮山椒（见p.18）粒（绿）…40 g
A　清酒…250 mL
　　酱油…130 mL
　　砂糖…2大勺
B　水…250 mL
　　清酒、酱油…各50 mL
　　砂糖…1/2大勺

做法

1 缩缅杂鱼用水洗净，放在笊篱中沥干水。

2 锅中倒入**A**的所有材料后开火，煮沸后放入**1**的缩缅杂鱼和30 g水煮山椒粒，用木勺翻拌防止焦锅，翻炒至汁水收干，放凉。

3 千张先浸入混合好的**B**中泡发，再一起放入另一只锅中开火煮，加入剩余的10 g水煮山椒粒，转大火，以**2**中同样方法炒至汁水收干，用笊篱捞起放凉。

4 大碗中放入**2**、**3**的食材，先用手把千张撕成小片，再把所有食材拌匀。

除了鱼肉糜，还加入了虾仁的伊达卷*风玉子烧

虾仁玉子烧

材料（12 cm×14 cm的耐热模具1个）

鸡蛋…4个

鲜虾…50 g

白身鱼肉糜…50 g

味淋…60 mL

砂糖…30 g

淡口酱油…1小勺

做法

1 鲜虾去尾去壳，背部用刀划开去除肠线。

2 所有材料放入料理机中，搅打均匀。

3 耐热模具里铺上耐高温保鲜膜，倒入**2**的食材，放入预热好的蒸笼中，小火蒸约20分钟。

4 变凉后从模具中取出，放入平底锅中，煎至两面呈焦黄色。切成方便食用的大小。

*伊达卷（だてまき），指日本一种由鱼肉糜和鸡蛋做成的蛋卷。

醋饭中加了切碎的蘘荷、青紫苏和甘酢姜片，酢橘则能提升清爽感

竹叶卷寿司

材料（12个的分量）

温热的米饭…300 g

竹筴鱼（刺身用）…2条

蘘荷…1个

青紫苏…5片

甘酢姜片*…15 g

酢橘（见p.74）…2个

盐…1大勺

A 醋…50 mL

水…50 mL

B 醋…$2\frac{1}{2}$大勺

砂糖…1大勺

盐…1小勺

竹叶…12片

*甘酢姜片（ガリ），即甜醋渍姜片，也叫寿司姜片。

做法

1 每条竹筴鱼用三片刀法**分割成2片鱼身和1片带尾鱼骨，带尾鱼骨扔掉，鱼身两面撒盐，静置20分钟备用。

2 混合**A**的所有材料，放入**1**的鱼身浸泡15分钟，沥干水后剥去鱼皮。每片鱼身再等切成3片，共计12片。

3 蘘荷、青紫苏、甘酢姜片均切碎。酢橘切成薄片。

4 **B**的所有材料倒在温热的米饭上，用切拌的方式混合拌匀做成醋饭，放凉。再与**3**的蘘荷、青紫苏、甘酢姜片一起拌匀。

5 拌匀的醋饭等分为12份，分别用手握成椭圆体，放上**2**的鱼片，做成手握寿司。然后用竹叶将手握寿司和酢橘一起卷起来。

**三片刀法（三枚下ろし），指处理鱼类食材时常用的一种分割方法。先将鱼头切去，再将剩余的部分分割成2片鱼身和1片带尾鱼骨。

卷法

1 竹叶茎的部分朝上摊平，然后在近上端处斜着放上手握寿司和酢橘。

2 斜着将下端的叶子向上翻折。

3 改变方向，斜着将下端的叶子再向下翻折，将手握寿司和酢橘卷起来。

4 茎的部分向下折插入手握寿司和酢橘下面。

结束语

决定写这本书后，就开始想象，现在的我给高中时的我做便当的情景。

香甜的玉子烧、炸鸡块、银鳕鱼西京烧……

一个个小菜浮现在脑海中时，我突然意识到，这不都是父亲给我做的便当里常放的那些小菜嘛。

其实父亲并非按照我的喜好，而是根据店铺（父亲经营的是烤鸡肉串店）当时的食材情况，比如某些味噌渍物腌制过头了不能端给客人，或者店里冰箱中的食材偶有富余，来决定用什么食材做便当。

或许，再也没有比便当，更能与回忆直接挂钩的食物了。

一谈到和便当有关的话题，大家都会满脸笑容，也是因为这样的缘由吧。

为了孩子，为了心爱的人，或为了其他特别的人而做便当，是件充满乐趣的事情。

（即便也相当花费功夫。）

当然，也可以是为自己而做。

（毕竟可以肆意地放入自己喜欢的食物。）

希望便当这个主题，能为大家唤起更多的回忆。

对于格外热爱便当的我来说，这就是最开心的事情了。

图书在版编目（CIP）数据

笠原将弘的上品便当 /（日）笠原将弘著；葛婷婷译. —郑州：河南科学技术出版社，2017.7
（2017.11重印）

ISBN 978-7-5349-8602-4

Ⅰ. ①笠…　Ⅱ. ①笠…　②葛…　Ⅲ. ①菜谱-日本　Ⅳ. ①TS972.183.13

中国版本图书馆CIP数据核字（2017）第002038号

出版发行：河南科学技术出版社
地址：郑州市经五路66号　邮编：450002
电话：（0371）65737028　65788633
网址：www.hnstp.cn
策划编辑：李迎辉
责任编辑：李迎辉
责任校对：王晓红
封面设计：张　伟
责任印制：张艳芳
印　　刷：北京盛通印刷股份有限公司
经　　销：全国新华书店
幅面尺寸：190 mm × 210 mm　印张：4　字数：229 千字
版　　次：2017 年 7 月第 1 版　2017 年 11 月第 2 次印刷
定　　价：48.00 元